计算机系列教材

徐效美 主编
董　刚 高文卿 苏庆堂 董耀平 李奕瑶 副主编

Access 2016 数据库应用实验教程

清华大学出版社
北京

内 容 简 介

本书是主教材《Access 2016 数据库应用案例教程》的配套实验指导教材，内容为与主教材各章节配套的实验和习题。每个实验包含实验目的、实验要求及实验步骤，实验的选取注重学生实践能力的培养。每章习题深度、广度和数量适中，覆盖并拓展了主教材的知识点，注重学生操作技能的培养。

本书可作为高等院校和职业院校计算机基础课程“数据库应用技术”的实验指导教材，也可作为计算机等级考试的培训教材和 Access 数据库应用系统开发的指导用书。

图书在版编目(CIP)数据

Access 2016 数据库应用实验教程/徐效美主编. —北京：清华大学出版社，2018 (2024.2 重印)
(计算机系列教材)
ISBN 978-7-302-51518-0

Ⅰ. ①A… Ⅱ. ①徐… Ⅲ. ①关系数据库系统－高等学校－教材 Ⅳ. ①TP311.138

中国版本图书馆 CIP 数据核字(2018)第 266932 号

责任编辑：白立军
封面设计：常雪影
责任校对：白 蕾
责任印制：丛怀宇

出版发行：清华大学出版社
网 址：https://www.tup.com.cn，https://www.wqxuetang.com
地 址：北京清华大学学研大厦 A 座 **邮 编**：100084
社 总 机：010-83470000 **邮 购**：010-62786544
投稿与读者服务：010-62776969，c-service@tup.tsinghua.edu.cn
质量反馈：010-62772015，zhiliang@tup.tsinghua.edu.cn
课件下载：https://www.tup.com.cn，010-62795954
印 装 者：三河市龙大印装有限公司
经 销：全国新华书店
开 本：185mm×260mm **印 张**：11 **字 数**：255 千字
版 次：2018 年 12 月第 1 版 **印 次**：2024 年 2 月第 5 次印刷
定 价：29.80 元

产品编号：079638-01

前　言

数据库技术的发展要求当代大学生必须具备组织、利用信息资源的意识和能力。教育部高等学校计算机基础课程教学指导委员会提出了“1＋X”课程设置方案，即一门“大学计算机基础”和若干门核心课程，“数据库应用技术”是核心课程之一。

本书是《Access 2016 数据库应用案例教程》的配套教材，是作者在多年实践教学及软件开发的基础上编写而成的。本书基本按照主教材章节顺序组织编写，内容与主教材相互补充，有效地扩展了主教材内容的深度和广度。

本书以实践操作为主，兼顾理论知识。针对主教材的相关知识点，设计了相应的实验，每个实验包含实验目的、实验要求和实验步骤，能有效地帮助读者提高上机操作技能。实验后面还有实验练习，注重培养读者独立思考和独立解决问题的能力。每章的习题包括单项选择题、填空题和简答题，便于读者加强理论知识的学习。习题附有答案，便于读者自检自测。

本书结构清晰，实验操作步骤详细，习题解析详尽，可作为高等学校和职业院校的计算机基础课程“数据库应用技术”的实验指导用书。

本书由徐效美担任主编，魏斌、董刚、高文卿、苏庆堂、董耀平、李奕瑶担任副主编。

在本书的编写过程中，得到许多专家和同行的精心指点和热情帮助，在此一并表示衷心感谢！

由于编写时间仓促以及作者水平有限，书中难免存在疏漏之处，恳请同行及读者批评指正。

编　者

2018 年 10 月

目　　录

第1章　Access数据库基础知识

1.1　Access 2016数据库的基本操作

1.1.1　实验目的

(1) 掌握Access 2016的启动与退出方法。
(2) 熟悉Access 2016的主界面及常用操作方法。
(3) 掌握Access 2016数据库的创建方法。
(4) 掌握打开数据库的基本方法。
(5) 掌握关闭数据库的基本方法。

1.1.2　实验内容

实验1-1　创建空白Access数据库

1. 实验要求

在E盘上创建名为“仓库管理.accdb”的空白数据库。

2. 实验步骤

(1) 启动Access 2016,进入Access 2016初始界面。

(2) 在初始界面窗口右侧的“模板列表”中选择“空白数据库”,弹出一个对话框,如图1.1所示。

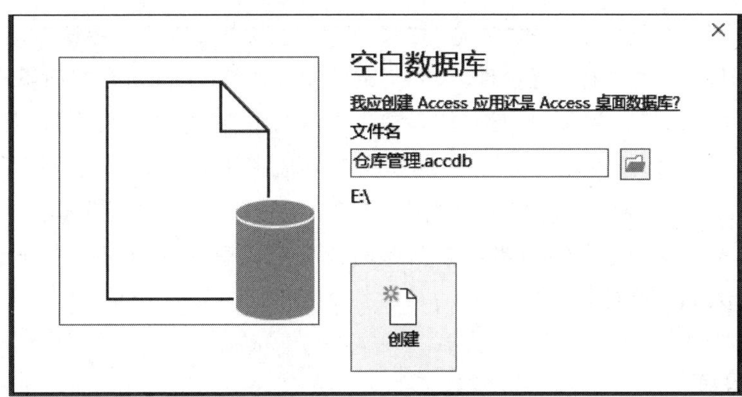

图1.1　创建空白数据库

（3）在对话框右侧的“文件名”文本框中输入数据库文件的名称“仓库管理.accdb”，单击“文件名”文本框右侧的“浏览”按钮，选择文件保存位置 E:\。

实验 1-2 数据库的打开

1. 实验要求

以独占方式打开 “学生信息管理.accdb”数据库，并浏览包含的所有数据库对象。

2. 实验步骤

（1）在 Access 2016 窗口中，选择“文件|打开”命令，打开如图 1.2 所示页面。

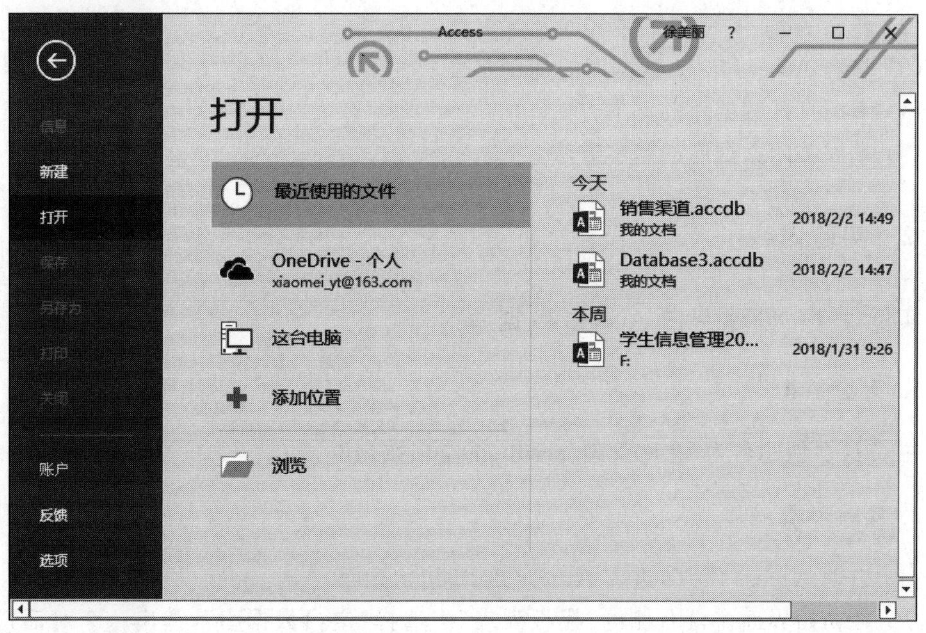

图 1.2 “打开”页面

（2）单击图 1.2 页面下方的“浏览”按钮，打开“打开”对话框。在该对话框中选择需要打开的数据库文件“学生信息管理.accdb”，然后单击“打开”按钮旁的向下箭头按钮，如图 1.3 所示，从弹出的下拉菜单中选择“以独占方式打开”命令即可打开数据库。

（3）单击“学生信息管理.accdb”数据库窗口导航窗格右上方的向下箭头按钮，可以显示如图 1.4 所示的下拉菜单，选择“浏览类别”组中的“对象类型”选项和“按组筛选”组中的“所有 Access 对象”选项，当前数据库的所有对象就在导航窗格中列出，双击某个对象即可打开运行该对象。

1.1.3 实验练习

（1）在“D:\Accesslx”文件夹中创建一个名为“图书管理.accdb”的空白数据库。

图 1.3 “打开”对话框

图 1.4 “导航窗格”下拉菜单

(2) 利用 Access 2016 提供的“学生”模板，在“D:\Accesslx”文件夹中创建一个名为“教务管理.accdb”的数据库。

(3) 用不同的方法打开“教务管理.accdb”数据库。

(4) 用不同的方法关闭“教务管理.accdb”数据库。

1.2　Access 2016 数据库的维护

1.2.1　实验目的

（1）掌握不同 Access 数据库文件格式的转换。
（2）数据库的备份。
（3）数据库的加密。

1.2.2　实验内容

实验 1-3　不同 Access 数据库版本的转换

1. 实验要求

将“学生信息管理.accdb”转换为 Access 2003 数据库。

2. 实验步骤

（1）打开要转换的数据库文件“学生信息管理.accdb”，单击“文件”选项卡，选择“另存为”命令，打开如图 1.5 所示页面，在“文件类型”中选择“数据库另存为”选项，在“数据库文件类型”中选择要转换的 Access 版本“Access 2002-2003 数据库”。

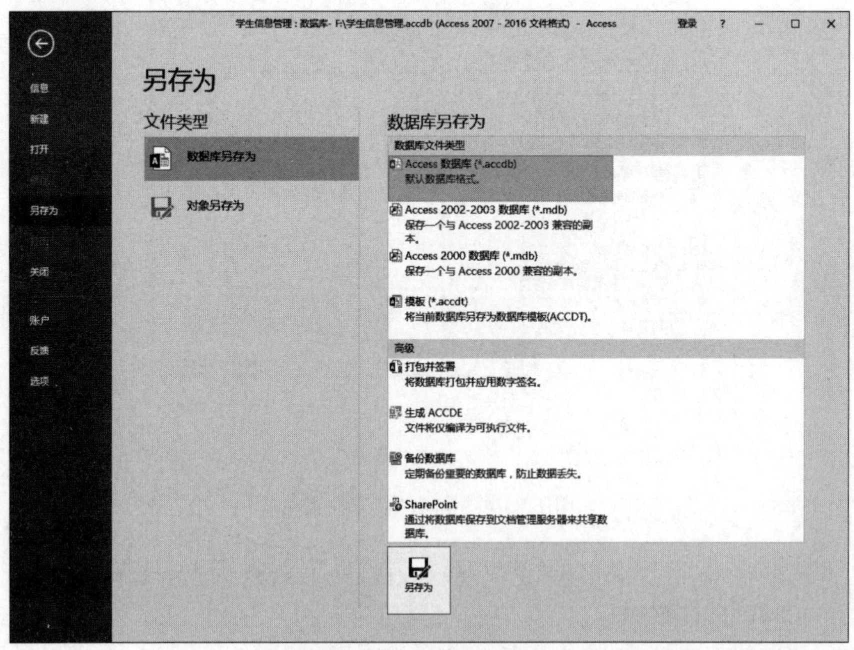

图 1.5　“另存为”页面

(2) 单击图 1.5 下方的“另存为”按钮，将打开“另存为”对话框，选择保存位置，输入文件名，然后单击“保存”按钮即可完成转换。Access 将创建数据库副本并打开该副本。

实验 1-4　数据库的备份

1. 实验要求

为“学生信息管理.accdb”数据库备份。

2. 实验步骤

(1) 打开要备份的数据库文件“学生信息管理.accdb”，单击“文件”选项卡，选择“另存为”命令，打开如图 1.5 所示页面，在“文件类型”中选择“数据库另存为”选项，在“高级”中选择“备份数据库”选项。

(2) 单击图 1.5 下方的“另存为”按钮，将打开“另存为”对话框，选择备份的数据库文件的保存位置，输入备份的数据库文件的名字，然后单击“保存”按钮即可完成备份。

实验 1-5　设置数据库密码

1. 实验要求

为“学生信息管理.accdb”数据库设置密码“abc123”。

2. 实验步骤

(1) 以独占方式打开“学生信息管理.accdb”，单击“文件”选项卡，选择“信息”命令，打开如图 1.6 所示页面。

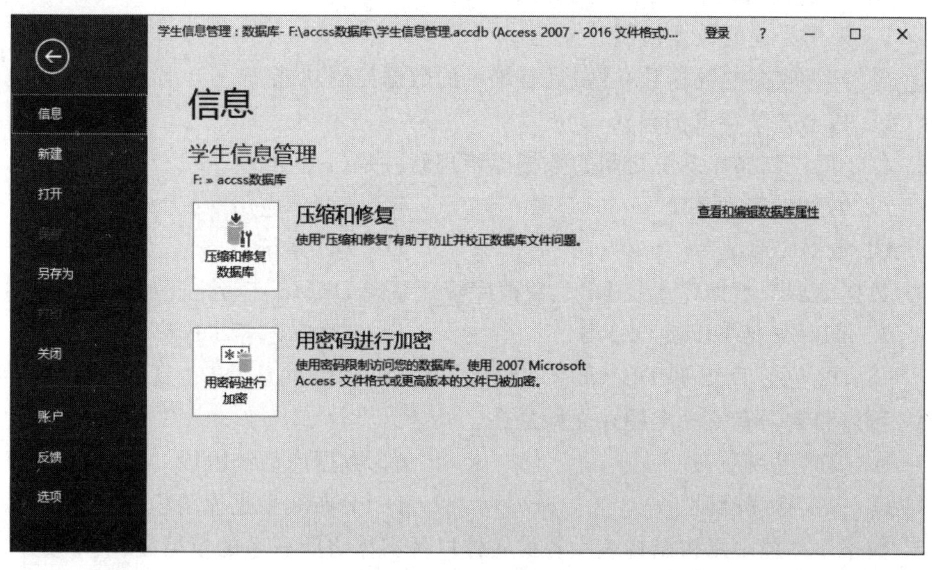

图 1.6　“信息”页面

(2) 单击"用密码进行加密"按钮,打开如图 1.7 所示"设置数据库密码"对话框。在"密码"和"验证"文本框中分别输入欲设置的密码,单击"确定"按钮完成密码的设置。

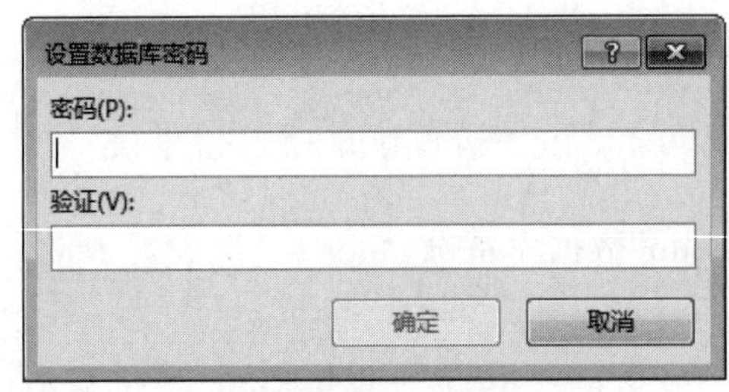

图 1.7 "设置数据库密码"对话框

1.2.3 实验练习

(1) 将"D:\Accesslx"文件夹设置为默认数据库文件夹。

(2) 将"学生信息管理.accdb"数据库文档窗口显示方式设置为"重叠窗口"。

(3) 复制"学生信息管理.accdb"数据库中的"学生"表。

1.3 习题

一、单项选择题

1. 数据库系统的特点包括(　　)。
   A. 实现数据共享,减少数据冗余
   B. 采用特定的数据模型
   C. 具有较高的数据独立性、具有统一的数据控制功能
   D. 以上各条特点都包括
2. 位于用户和操作系统之间的数据库管理软件是(　　)。
   A. 数据库管理系统　　B. 数据库应用系统
   C. 数据库系统　　D. 文件系统
3. 数据库 DB、数据库系统 DBS、数据库管理系统 DBMS 三者之间的关系是(　　)。
   A. DBS 包括 DB 和 DBMS　　B. DBMS 包括 DB 和 DBS
   C. DB 包括 DBS 和 DBMS　　D. DBS 就是 DB 也就是 DBMS
4. 程序和数据有了一定的独立性是在(　　)。
   A. 文件系统阶段　　B. 数据库系统阶段
   C. 人工管理阶段　　D. 分布式数据库阶段
5. 数据库系统中用树结构表示各类实体以及实体之间联系的模型是(　　)。
   A. 层次数据模型　　B. 网状数据模型
   C. 关系数据模型　　D. 面向对象数据库

6. 数据库管理系统所支持的传统数据模型有（　　）。

A. 层次模型　　B. 网状模型

C. 关系模型　　D. 选项 A、B 和 C

7. 在数据库技术中，实体—联系模型是一种（　　）。

A. 概念模型　　B. 物理模型

C. 结构数据模型　　D. 逻辑数据模型

8. 在 E-R 图中，用来表示属性的图形是（　　）。

A. 菱形　　B. 矩形　　C. 圆形　　D. 椭圆形

9. 关系数据库管理系统中所谓的关系是指（　　）。

A. 各条记录中的数据彼此有一定的关系

B. 一个数据库文件与另一个数据库文件之间有一定的关系

C. 数据模型符合满足一定条件的二维表格

D. 数据库中各个字段之间彼此有一定的关系

10. 关系数据库中的表不必具有的性质是（　　）。

A. 数据项不可再分

B. 同一列数据项要具有相同的数据类型

C. 记录的顺序可以任意排列

D. 字段的顺序不能任意排列

11. 在关系数据模型中，用来表示实体关系的是（　　）。

A. 字段　　B. 记录　　C. 表　　D. 指针

12. 在同一学校里，人事部门的教师表和财务部门的工资表的关系是（　　）。

A. 一对一　　B. 一对多　　C. 多对一　　D. 多对多

13. 关系数据库的任何检索操作都由 3 种基本运算组合而成，这 3 种基本运算不包括（　　）。

A. 联接　　B. 更新　　C. 选择　　D. 投影

14. 要从学生表中找出籍贯为山东的学生，需要进行的关系运算是（　　）。

A. 选择　　B. 投影　　C. 联接　　D. 求交

15. 在关系运算中，从一个关系中选出若干字段组成新的关系称为（　　）。

A. 投影　　B. 选择　　C. 联接　　D. 没有的运算

16. 在关系模型中，任何关系必须满足实体完整性、（　　）和用户自定义完整性。

A. 结构完整性　　B. 数据完整性　　C. 参照完整性　　D. 动态完整性

17. 传统的集合运算不包括（　　）。

A. 并　　B. 差　　C. 交　　D. 乘

18. Access 表之间的联系中不包括（　　）联系。

A. 一对一　　B. 一对多　　C. 多对多　　D. 多对一

19. 在数据库中，能够唯一地标识一个元组的属性的组合称为（　　）。

A. 记录　　B. 字段　　C. 域　　D. 关键字

20. Access 数据库文件的格式是(　　)。

A. txt 文件　　B. accdb 文件　　C. dot 文件　　D. xls 文件

21. 在 Access 2016 数据库中,共有(　　)种数据库对象。

A. 5　　B. 6　　C. 7　　D. 8

22. Access 是(　　)。

A. 层次数据库　　B. 网状数据库

C. 关系数据库　　D. 面向对象数据库

23. Access 适合开发的数据库应用系统是(　　)。

A. 小型　　B. 中型　　C. 中小型　　D. 大型

24. 在 Access 中,数据库的核心与基础是(　　)。

A. 表　　B. 查询　　C. 报表　　D. 宏

25. 在 Access 中,用来表示实体的是(　　)。

A. 域　　B. 字段　　C. 记录　　D. 表

26. 不是 Office 办公自动化软件组件的是(　　)。

A. Excel　　B. Word　　C. Oracle　　D. Access

27. 在"选项"对话框下,选择(　　)选项卡,可以设置默认数据库文件夹。

A. "常规"　　B. "视图"　　C. "数据表"　　D. "高级"

28. 若不想修改数据库文件中的数据库对象,打开数据库文件时要选择(　　)。

A. 以只读方式打开　　B. 以独占方式打开

C. 以独占只读方式打开　　D. 打开

29. 下列关于 Access 数据库描述错误的是(　　)。

A. 由数据库对象和组两部分组成

B. 数据库对象包括:表、查询、窗体、报表、数据访问页、宏和模块

C. 数据库对象放在不同的文件中

D. 关系数据库

30. 数据库设计步骤包括(　　)。

A. 需求分析　　B. 确定需要的表、字段

C. 确定联系、设计求精　　D. 以上都是

二、填空题

1. 数据模型不仅表示反映事物本身的数据,而且表示________。
2. 实体与实体之间的联系有 3 种,它们是一对一、一对多和________。
3. 用二维表表示实体之间联系的数据模型叫作________。
4. 在关系数据库中,每一个关系都是一个________。
5. 二维表中的列称为关系的字段,二维表中的行称为关系的________。
6. 在关系模型中,操作的对象和结果都是________。
7. 能够唯一标识表中每条记录的字段称为________。
8. E-R 模型中,客观存在并可相互区别的事物称为________。

9. 在数据库中,应该为每个不同主题建立________。
10. 表之间的关联是通过主键与________作为纽带实现关联的。
11. Access 是________软件。
12. 安装 Access 2016 是在安装________同时完成的。
13. ________是数据库中用来存储数据的对象,是整个数据库系统的基础。
14. Access 在同一时间,可打开________个数据库。

三、简答题

1. 数据管理技术的发展分几个阶段?
2. 数据库管理系统的功能是什么?
3. 数据库管理系统有哪几种常用的数据模型?
4. 什么是关系模型?简要叙述关系模型的主要特点。
5. 分别举出两个实体之间具有一对一、一对多和多对多联系的实例。
6. 解释术语:实体、实体集、属性、码、域、联系和 E-R 图。
7. 关系模型有哪些完整性约束?
8. 简要叙述 Access 2016 的联机帮助信息查找方式。

1.4 参考答案

一、单项选择题

1. D	2. A	3. A	4. A	5. A	6. D
7. A	8. D	9. C	10. D	11. C	12. A
13. B	14. A	15. A	16. C	17. D	18. D
19. D	20. B	21. C	22. C	23. C	24. A
25. C	26. C	27. A	28. A	29. C	30. D

二、填空题

1. 相互事物之间的联系
2. 多对多
3. 关系模型
4. 二维表
5. 记录或元组
6. 关系
7. 主关键字
8. 实体
9. 不同的表
10. 外键

11. 数据库管理系统
12. Office 2016
13. 表
14. 1

三、简答题

略

第2章　表

2.1　表的创建

2.1.1　实验目的

(1) 熟悉表的创建方法和过程。
(2) 掌握通过数据表视图创建表的方法。
(3) 掌握使用模板创建表的方法。
(4) 掌握使用设计视图创建表的方法。
(5) 理解表字段的类型及属性的设置。
(6) 掌握使用设计视图修改表结构的方法。
(7) 掌握在表中输入数据的方法。

2.1.2　实验内容

实验 2-1　使用设计视图创建表

1. 实验要求

在"学生信息管理.accdb"数据库中使用设计视图创建 teacher 表，teacher 表的结构如表 2.1 所示。

表 2.1　teacher 表结构

字段名称	字段类型	字段大小	说　明
教师编号	短文本	6	主键
姓名	短文本	10	
性别	短文本	1	
工作时间	日期/时间		
政治面貌	短文本	10	
学历	短文本	8	
职称	短文本	6	
所属院系	短文本	2	数据来源于"学院"表
电话	短文本	11	
电子邮件	超链接		
照片	OLE 对象		
爱好	短文本	50	

2. 实验步骤

(1) 在“学生信息管理.accdb”数据库窗口中,切换到“创建”选项卡,单击“表格”组中的“表设计”按钮,打开如图 2.1 所示的表设计视图。

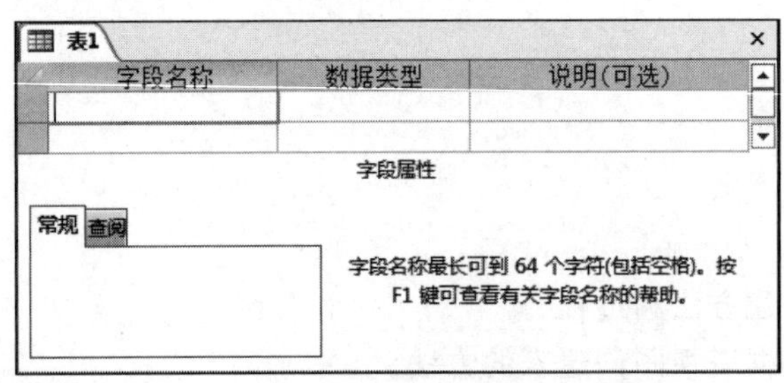

图 2.1　表设计视图

(2) 单击设计视图第一行的“字段名称”列,并在其中输入“教师编号”;单击“数据类型”列,并单击其右侧的向下箭头按钮,在下拉列表中选择“短文本”数据类型;在“说明(可选)”列中输入说明信息“主键”。

(3) 在字段属性区单击“常规”选项卡,将“字段大小”设置为“6”,在“必需”中选择“是”,在“允许空字符串”中选择“否”,如图 2.2 所示。

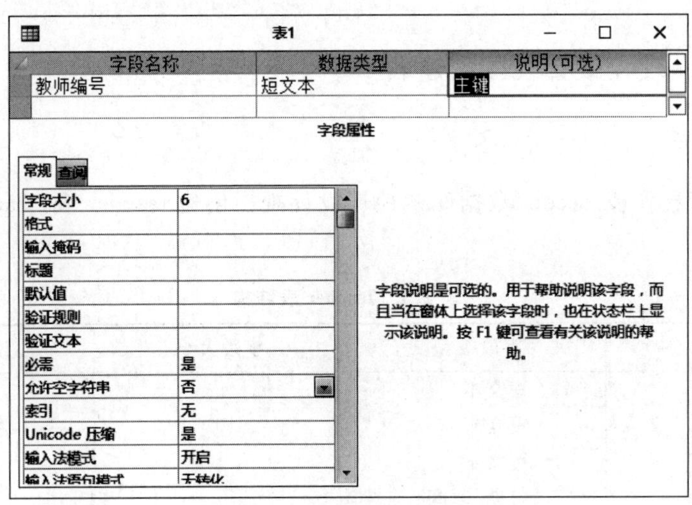

图 2.2　字段属性设置

(4) 按照表 2.1 所示添加 teacher 表中的其他字段。

(5) 定义完全部字段后,单击“教师编号”字段行的字段选择器,然后单击“表格工具|设计”选项卡“工具”组的“主键”按钮,设置“教师编号”字段为主关键字。

(6) 单击快速访问工具栏中的“保存”按钮,在“另存为”对话框中输入表名称为 teacher,然后单击“确定”按钮,完成表的创建。

实验 2-2 设置表字段的属性

1. 实验要求

对 teacher 表的字段进行如下设置。

(1) 设置"工作时间"字段的格式属性为"长日期",默认值为当前系统时间。设置"性别"字段的默认值为"女"。

(2) 设置"性别"字段的"验证规则"为"男或女",当违反规则时给出提示信息"性别要输入男或女"。

(3) 设置"电话"字段的"输入掩码"属性为每一位必须输入数字。

(4) 设置"电子邮件"字段的"标题"属性为 E-mail。

2. 实验步骤

(1) 右击导航窗格 teacher 表,从弹出的快捷菜单中选择"设计视图",在"设计视图"中打开 teacher 表。

(2) 选择"工作时间"字段,单击字段属性"常规"选项卡"格式"属性框右侧的向下箭头按钮▼,从系统提供的 7 种日期格式中选择"长日期",如图 2.3 所示。

图 2.3 "日期/时间"字段格式属性

(3) 选择"工作时间"字段,在字段属性"常规"选项卡"默认值"属性文本框中输入 Date(),如图 2.4 所示。

(4) 选择"性别"字段,在字段属性"常规"选项卡"默认值"属性文本框中输入""女"",如图 2.5 所示。

(5) 选择"性别"字段,在字段属性"常规"选项卡"验证规则"属性文本框中输入""男"

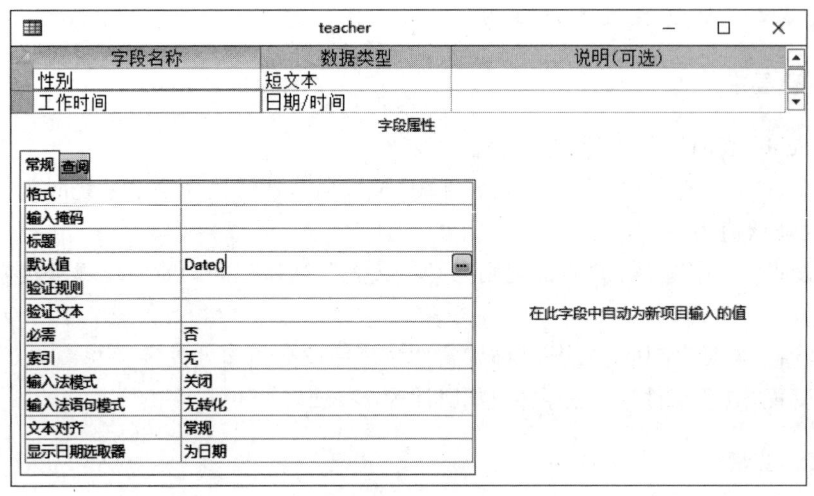

图 2.4 “工作时间”默认值属性的设置

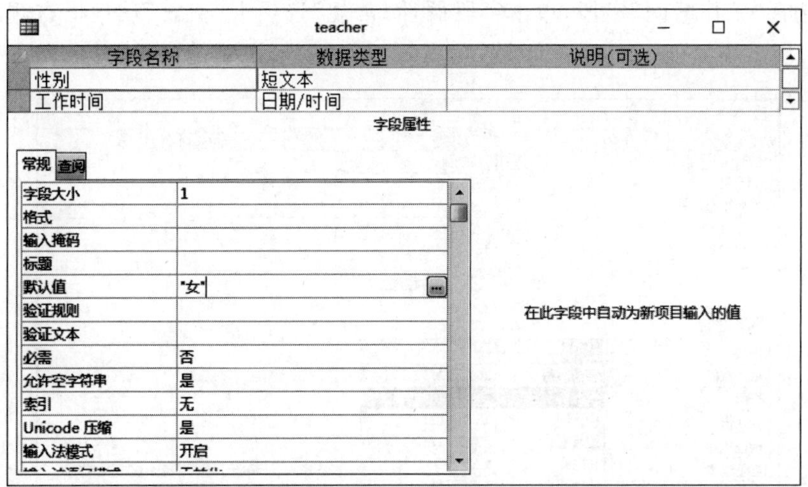

图 2.5 “性别”默认值属性的设置

Or "女"",在“验证文本”属性文本框中输入提示信息“性别要输入男或女”,如图 2.6 所示。

(6) 选择“电话”字段,在字段属性“常规”选项卡“输入掩码”属性文本框中输入“00000000000”,如图 2.7 所示。

(7) 选择“电子邮件”字段,在字段属性“常规”选项卡“标题”属性文本框中输入 E-mail,如图 2.8 所示。

(8) 单击快速访问工具栏的“保存”按钮,保存字段属性的修改,切换到数据表视图,观察设置的效果。

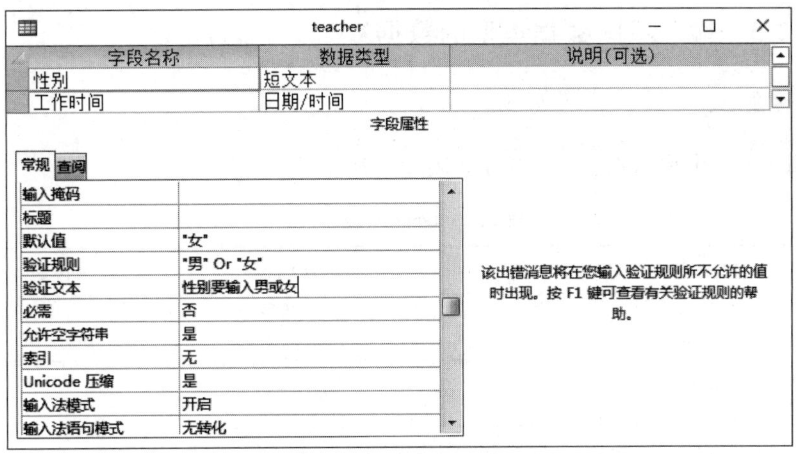

图 2.6 "性别"验证规则属性的设置

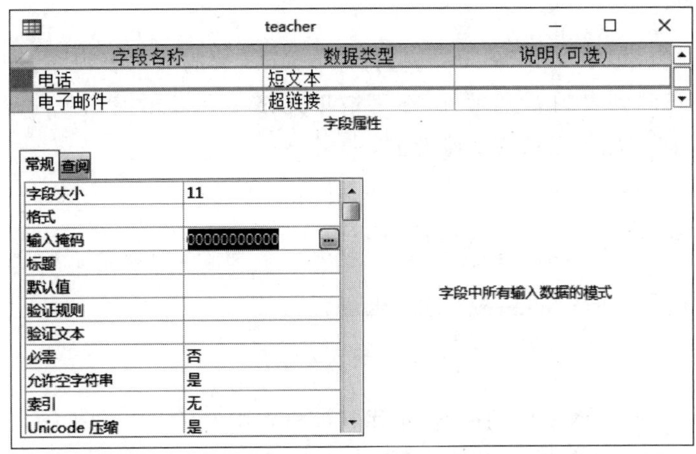

图 2.7 “电话”输入掩码属性的设置

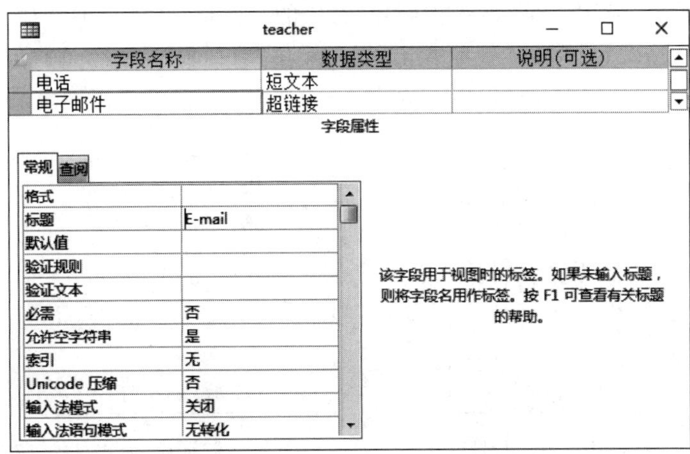

图 2.8 “电子邮件”标题属性的设置

实验 2-3　输入不同数据类型的数据

1. 实验要求

向 teacher 表中输入新记录，内容如表 2.2 所示。

表 2.2　teacher 表的数据

教师编号	姓　名	性　别	工作时间	政治面貌	学　历
110003	郭建政	男	1957/6/20		大学本科
110035	西志梅	女	1961/8/18	民盟	大学本科
职　称	**所属院系**	**电　话**	**电子邮件**	**照　片**	**爱　好**
副教授	19	13220987878	shennaijian@163.com		运动
讲师	24	15858687856	pumahenry@hotmail.com		书法

2. 实验步骤

（1）在“导航窗格”中双击 teacher 表，打开 teacher 表的数据表视图。

（2）将光标移动到表的新记录处，在字段单元格中会显示空白或是字段的默认值。如图 2.9 所示。输入每条记录的字段的值。

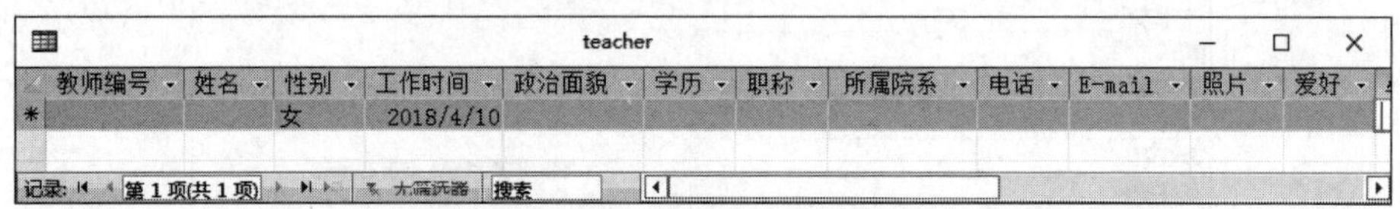

图 2.9　输入新记录

（3）输入日期/时间型字段的值时，可用日期格式中的任意一种来输入。也可单击日期/时间型字段右侧的日期选取器按钮，单击该按钮，将打开日历控件，如图 2.10 所示，通过该控件选择相应的日期即可。

（4）输入“照片”字段的值。右击“照片”对应的单元格，从弹出的快捷菜单中选择“插入对象”命令，如图 2.11 所示。此时弹出“插入对象”对话框，如图 2.12 所示，单击“新建”单选按钮，在“对象类型”中 选择“Bitmap Image”选项；这时出现画图窗口，如图 2.13 所

图 2.10　日历控件

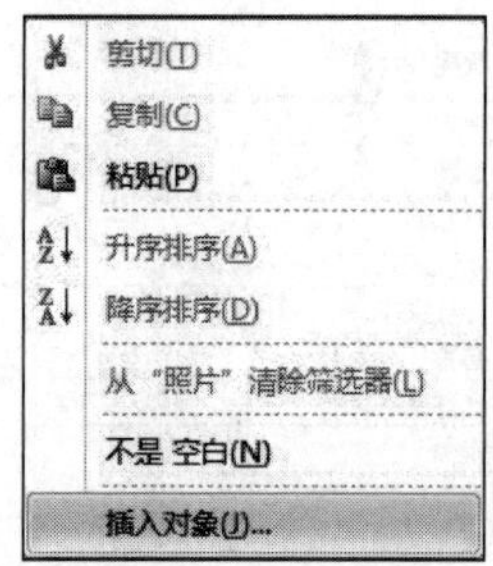

图 2.11　选择“插入对象”命令

图 2.12 “插入对象”对话框

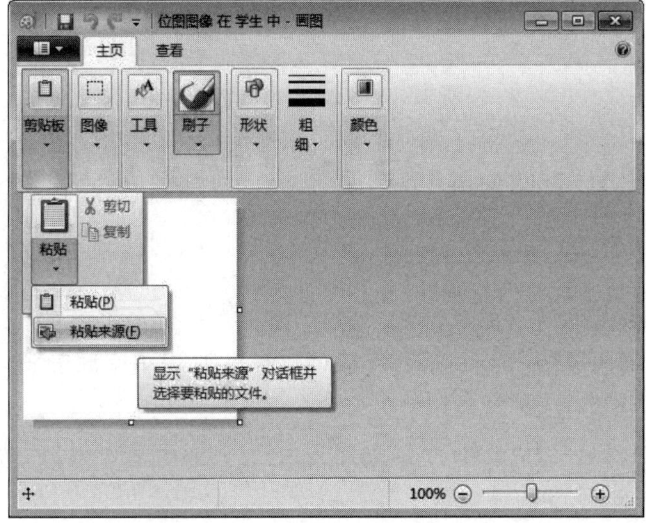

图 2.13 “画图”窗口

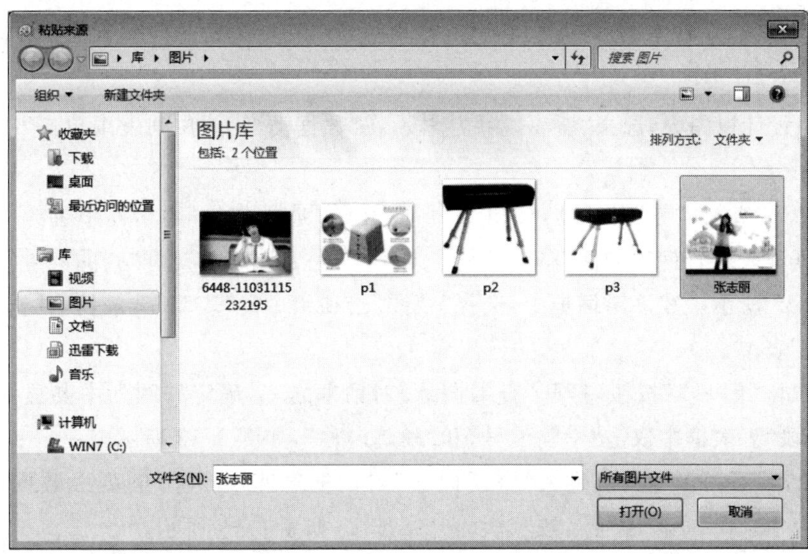

图 2.14 “粘贴来源”对话框

示，从“剪贴板”组中单击“粘贴”向下箭头按钮，选择“粘贴来源”选项，在“粘贴来源”对话框中，选择要插入的图片，如图 2.14 所示。单击“打开”按钮，返回画图窗口，关闭画图窗口。在“照片”对应的单元格中不显示图片，而显示“Bitmap Image”，只有双击该单元格才能查看图片。

(5) 用同样的方式，按照表的内容输入其他数据，单击“保存”按钮。输入数据后的 teacher 表如图 2.15 所示。

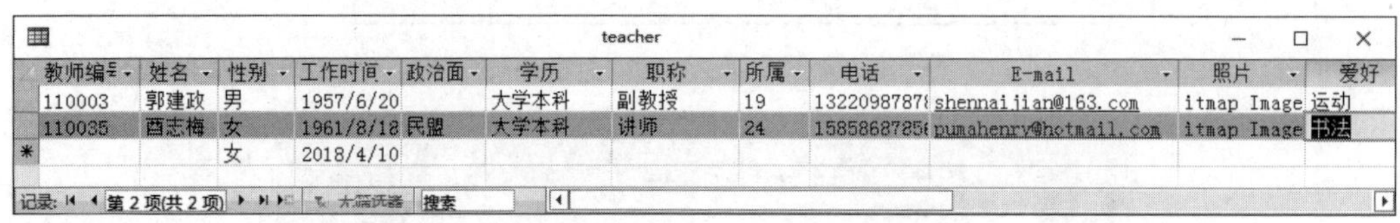

图 2.15　teacher 表的数据

实验 2-4　设置“查阅向导”型字段

1. 实验要求

对 teacher 表的字段进行如下设置。

(1) 通过“查阅向导”为“所属院系”字段创建查阅列，其值来源于“学院”表的“学院编号”和“学院名称”字段，隐藏“学院编号”字段。

(2) 通过“查阅向导”为“爱好”字段创建多值查阅列，列表包含“运动”“书法”“音乐”“旅游”“摄影”“读书”等选项。

2. 实验步骤

(1) 在导航窗格中右击 teacher 表，从弹出的快捷菜单中选择“设计视图”，打开 teacher 表的设计视图。

(2) 在设计视图中，选择“所属院系”字段，在“数据类型”下拉列表中单击“查阅向导”选项。

(3) 打开“查阅向导”对话框，如图 2.16 所示，在“查阅向导”对话框中选择“使用查阅字段获取其他表或查询中的值”单选按钮。单击“下一步”按钮，打开“查阅向导”对话框之二，如图 2.17 所示。在该对话框中，选择“视图”选项组中的“表”单选按钮，并选择列表框中的“学院”表。

(4) 单击“下一步”按钮，打开“查阅向导”对话框之三，确定查阅列中要显示的字段，从“可用字段”列表框中双击“学院编号”和“学院名称”，如图 2.18 所示。

(5) 单击“下一步”按钮，进入“查阅向导”对话框之四，确定查阅列中数据的排列顺序。从列表中选择“学院编号”，按默认的升序排序，如图 2.19 所示。

查阅向导

该向导将创建一个查阅字段，其中显示一系列数值供选择。请确定查阅字段获取其数值的方式：

使用查阅字段获取其他表或查询中的值(I)。

自行键入所需的值(V)。

取消 < 上一步(B) 下一步(N) > 完成(F)

图 2.16 “查阅向导”对话框之一

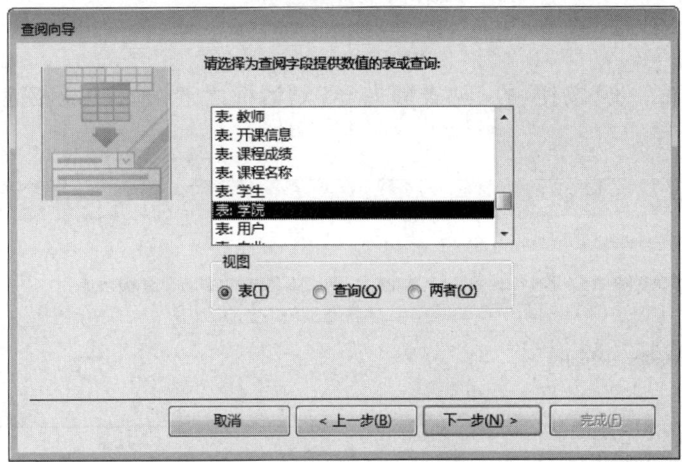

图 2.17 “查阅向导”对话框之二

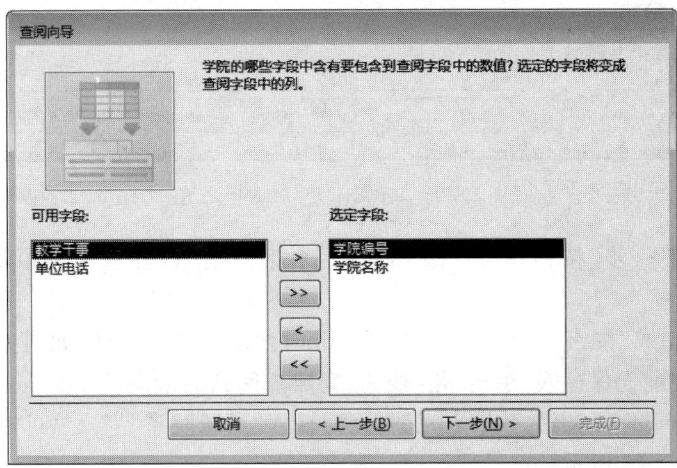

图 2.18 “查阅向导”对话框之三

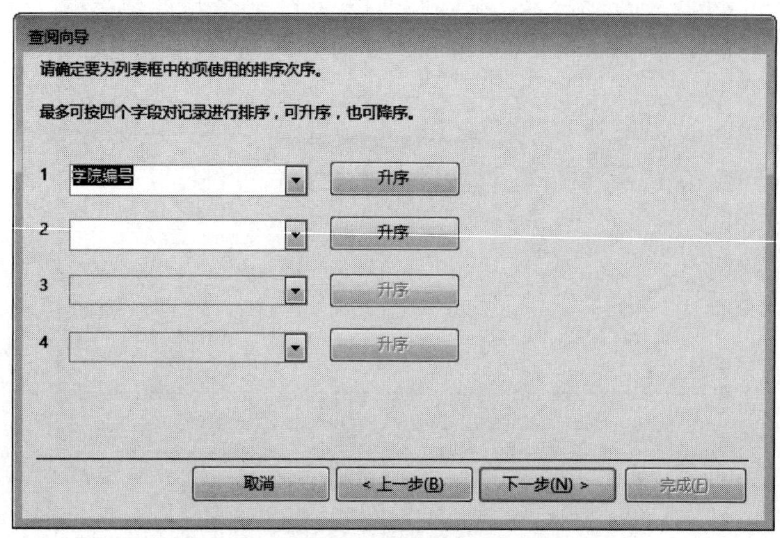

图 2.19 “查阅向导”对话框之四

(6) 单击“下一步”按钮，打开“查阅向导”对话框之五，选择“隐藏键列”复选框，如图 2.20 所示。

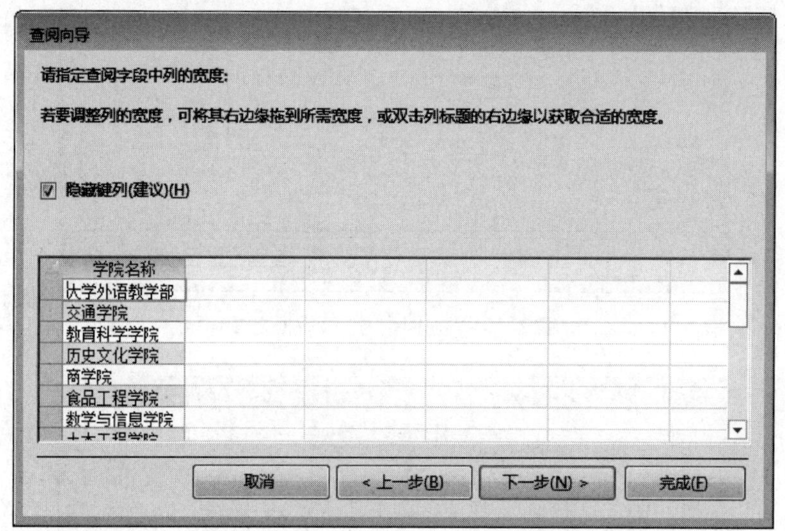

图 2.20 “查阅向导”对话框之五

(7) 单击“下一步”按钮，打开“查阅向导”对话框之六，各选项采用默认值即可，如图 2.21 所示。

(8) 单击“完成”按钮，开始创建查询列。此时弹出信息提示框，如图 2.22 所示，提示用户创建关系之前先保存表，单击“是”按钮，完成查阅列的创建。

(9) 切换到 teacher 表的数据表视图，此时输入“所属院系”字段值可以单击下拉列表进行选择，如图 2.23 所示。

(10) 切换到 teacher 表的设计视图，选择“爱好”字段，在“数据类型”下拉列表中单击

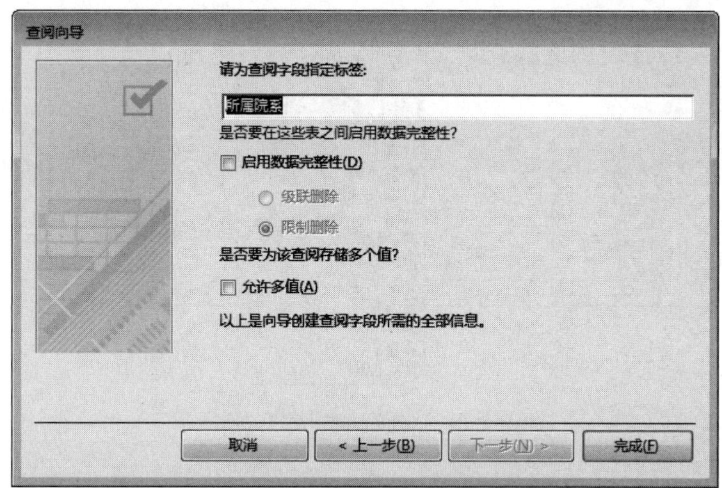

图 2.21 “查阅向导”对话框之六

图 2.22 信息提示框

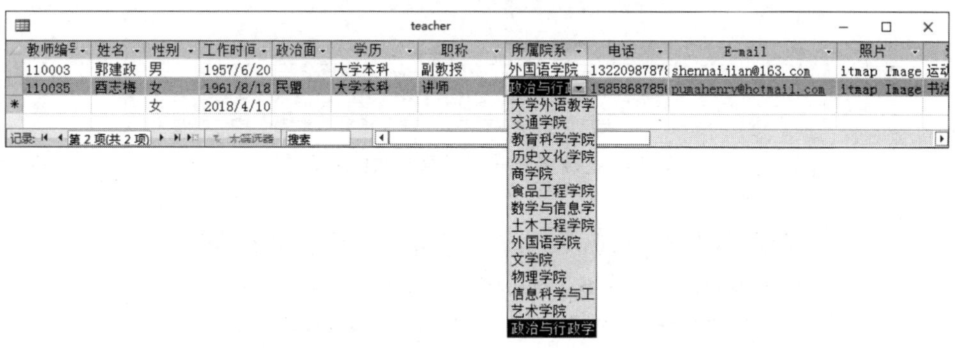

图 2.23 “所属院系”字段的查阅列表

“查阅向导”选项，如图 2.24 所示。

(11) 打开“查阅向导”对话框，如图 2.25 所示，在“查阅向导”对话框中选择“自行输入所需的值”单选按钮。单击“下一步”按钮，打开“查阅向导”对话框之二，如图 2.26 所示。

(12) 在该对话框中，输入“运动”“书法”“音乐”“旅游”“摄影”和“读书”，输入完成后单击“下一步”按钮，进入“查阅向导”对话框之三，如图 2.27 所示。

(13) 在该对话框中选中“允许多值”复选框，表示可以从列表中同时选择多个值。单击“完成”按钮完成查阅向导创建。

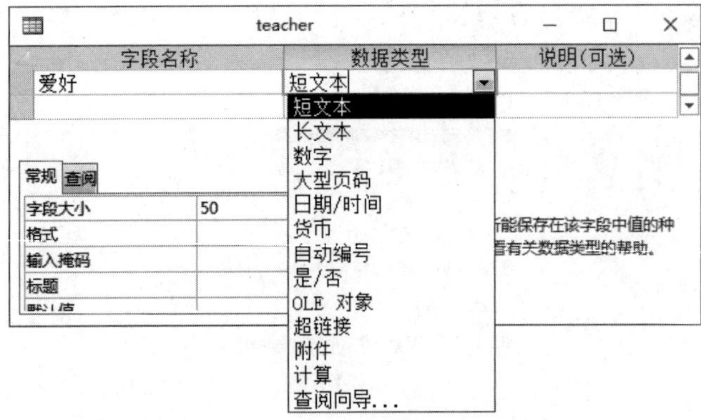

图 2.24 “查阅向导”数据类型

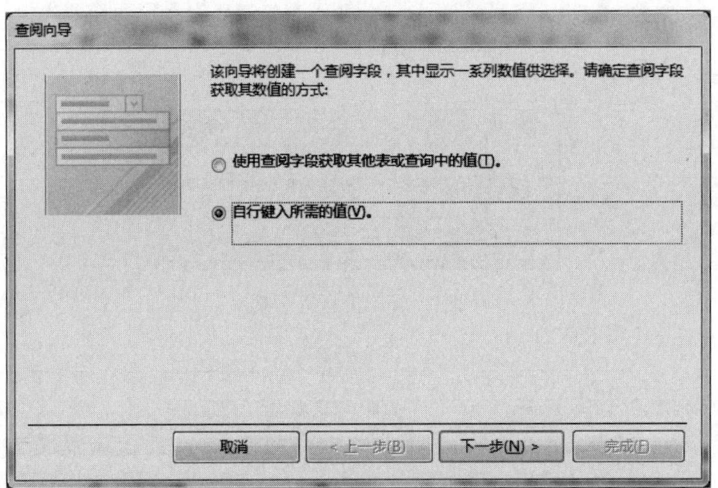

图 2.25 确定查阅字段获取数值的方式

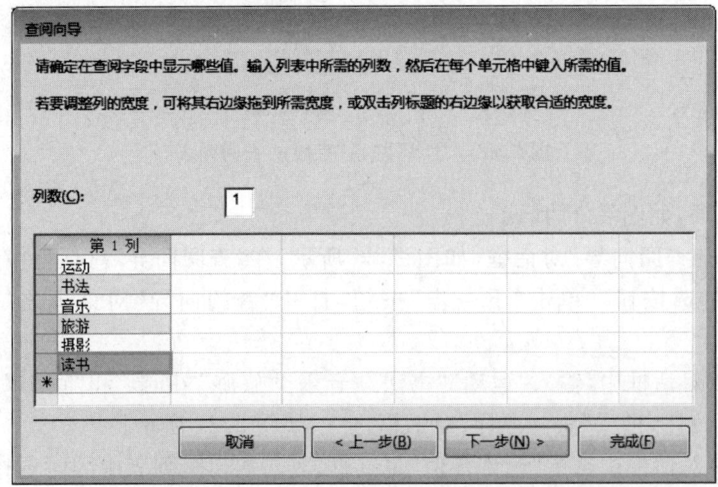

图 2.26 确定在查阅字段中显示的值

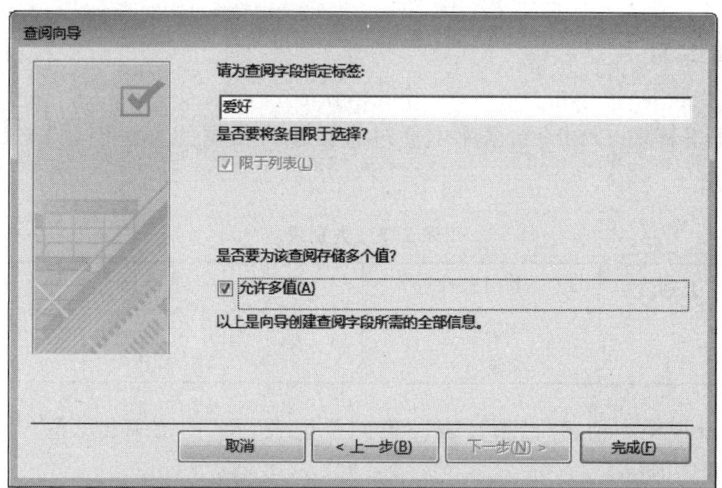

图 2.27　为查阅字段指定标签

(14) 在设计视图中可以看到,“爱好”字段的“数据类型”仍显示为“短文本”,但“查阅”选项卡中“行来源类型”属性的值已设置为“值列表”,“行来源”属性的值已设置为“"运动";"书法";"音乐";"旅游";"摄影";"读书"”,如图 2.28 所示。

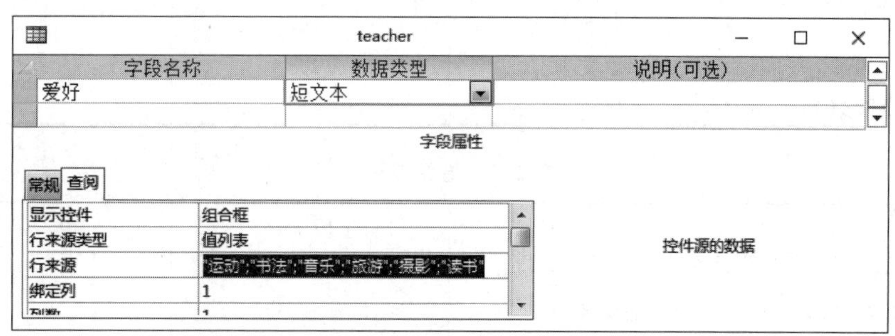

图 2.28　“爱好”字段的查阅选项卡

(15) 单击快速访问工具栏的“保存”按钮,保存修改。切换到 teacher 表的数据表视图,此时输入“爱好”字段值可以单击下拉列表进行选择,如图 2.29 所示。

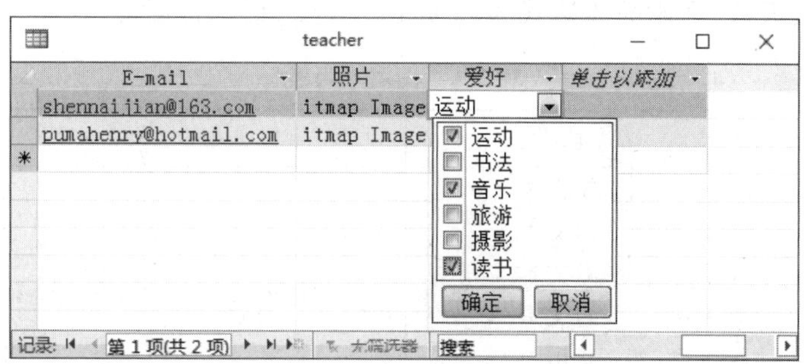

图 2.29　“爱好”字段的查阅列表

2.1.3 实验练习

(1) 在"图书管理.accdb"数据库中通过直接输入数据的方法创建"类别表",表的数据如表 2.3 所示。

表 2.3 类别表

ID	类别号	类别名称	ID	类别号	类别名称
1	G	教学参考	3	R	医疗卫生
2	I	文学	4	TP	计算机技术

(2) 在设计视图中创建"借书证表""借阅登记表"及"图书书目表"3 个表,其表结构如表 2.4～表 2.6 所示。

表 2.4 借书证表

字段名称	字段类型	字段大小	说　　明
借书证号	短文本	6	主键
姓名	短文本	8	
身份证号码	短文本	18	
电话号码	短文本	16	
通信地址	短文本	40	
已借阅数	数字	整型	

表 2.5 借阅登记表

字段名称	字段类型	字段大小	说　　明
借阅序号	自动编号		主键
借书证号	短文本	6	
图书编号	短文本	8	
借阅日期	日期/时间		
归还日期	日期/时间		
借阅天数	计算		

其中,"借阅天数"字段的表达式为:[归还日期]-[借阅日期]。

表 2.6 图书书目表

字段名称	字段类型	字段大小	说　　明
类别号	短文本	2	
图书编号	短文本	8	主键
图书名称	短文本	50	
作者	短文本	16	
定价	货币		小数位数 2
是否借出	是/否		

(3) 设置“借书证表”的各种属性。

① 设置“借书证号”的输入掩码,只能是6位数字。

② 设置“身份证号码”和“姓名”字段的必需属性为“是”。

③ 设置“已借阅数”的默认值为0,小数位数0。

④ 设置“已借阅数”只能是小于等于5的整数,当违反规则时提示用户“借阅数不能超过5本”。

⑤ 设置“姓名”字段的标题属性为Name。

(4) 设置“图书书目表”的各种属性。

① 设置“类别号”的格式为使所有字符为大写。

② 设置“类别号”的输入掩码,使其可以选择输入两位的字母或数字。

③ 为“类别号”字段设置查阅列表,该字段的值来源于“类别表”的“类别号”字段。

(5) “借阅登记表”各种属性设置这里不详述,可参考表2.5了解它的结构。

(6) 向“借书证表”“借阅登记表”“图书书目表”3个表中输入数据,数据如表2.7～表2.9所示。

表2.7 借书证表数据

借书证号	姓　名	身份证号	电话号码	通信地址	已借阅数
000001	李明	370205640915101223	2811909	南京路14号	0
000002	王刚	370205731012201123	2911709	人民路31号	2
000003	张华	370205780913101456	3740603	北京路102号	1
000004	周杰	37020573091110145x	3975412	威海路33号	0
000005	刘应文	370205760715101223	2178432	烟台路67号	0
000006	胡国良	370205770915101021	2625678	南昌路89号	1
000007	王保明	370205690908101876	3521679	武昌路103号	2
000008	金平	370205661115101453	4056051	广州路12号	2
000009	华海	370205701215101234	5632244	福州路57号	0
000010	贺海涛	370205681015101123	8014706	高雄路101号	0

表2.8 借阅登记表数据

借阅序号	借书证号	图书编号	借阅日期	归还日期	借阅天数
78	000001	00000001	2014/5/8	2014/5/9	1
79	000002	00000002	2014/11/8		
80	000003	00000003	2014/12/8		
81	000006	00000006	2014/12/8		
82	000002	00000006	2014/9/23		
83	000005	00000008	2014/8/23	2014/9/23	31
84	000005	00000009	2014/7/23	2014/9/23	62
85	000006	00000011	2014/9/13	2014/9/23	10

表 2.9 图书书目表数据

类别号	图书编号	图书名称	作　者	定价	是否借出
g	00000001	高中物理典型错误诊疗大全	余建丽	19.80	FALSE
G	00000003	高中数学解题思维方法大全	李东胜	19.00	TRUE
G	00000004	高中语文基础知识大全	李洪达	14.90	TRUE
R	00000010	健康要素	江国生	16.00	FALSE
R	00000013	家庭用药手册	张晓友、董淑华	40.00	TRUE
TP	00000014	数据库应用技术基础	黄志球、李清	27.00	FALSE
TP	00000015	数据库系统及应用	崔巍	28.40	FALSE
TP	00000017	数据库基础教程	苏俊	24.00	FALSE
TP	00000023	Visual Basic 程序设计实用教程	王栋	36.00	FALSE
I	00000024	敌后武工队	冯志	30.00	FALSE

2.2 表的维护

2.2.1 实验目的

(1) 掌握表结构的维护。

(2) 掌握表中数据的维护。

(3) 掌握调整数据表外观的方法。

2.2.2 实验内容

实验 2-5 维护表的结构

1. 实验要求

在 teacher 表“工作时间”前面增加“出生日期”字段，字段类型为“日期/时间”，将“学历”和“职称”字段互换位置，将“电子邮件”字段名修改为“电子邮件地址”

2. 实验步骤

(1) 在导航窗格中右击 teacher 表，从弹出的快捷菜单中选择“设计视图”，打开 teacher 表的设计视图。

(2) 右击“工作时间”字段的任意单元格，从弹出的快捷菜单中选择“插入行”命令，如图 2.30 所示，或者单击工具栏上的“插入行”按钮，在新行的“字段名称”列中输入“出生日期”，从“数据类型”的下拉列表中选择“日期/时间”。

(3) 单击“学历”字段的字段选定器，拖动鼠标左键到“职称”行的下方，释放鼠标左键，完成字段位置的调整。

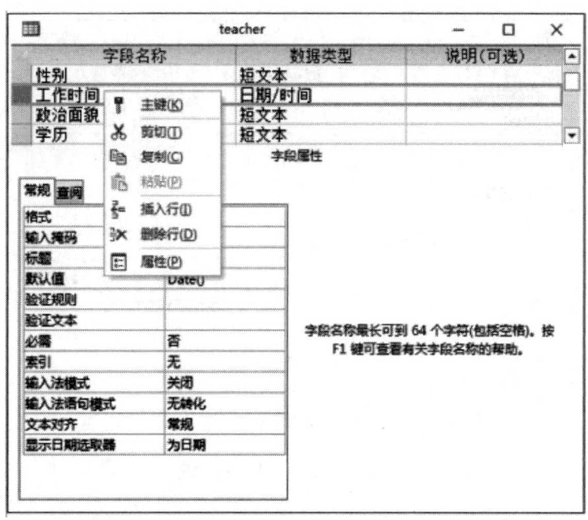

图 2.30　插入新字段

(4) 单击“电子邮件”字段的“字段名称”列，修改字段名称为“电子邮件地址”。

(5) 单击快速访问工具栏的“保存”按钮，保存所做的修改。

实验 2-6　维护表的数据

1. 实验要求

对 teacher 表的数据进行以下操作。

(1) 取消 teacher 表的主键。

(2) 将前两条记录复制到表的末尾。

(3) 删除表的后两条记录。

2. 实验步骤

(1) 打开“学生信息管理.accdb”数据库，右击导航窗格 teacher 表，从弹出的快捷菜单中选择“设计视图”，打开 teacher 表的设计视图。

(2) 在设计视图中，右击“教师编号”字段，在弹出的快捷菜单中选择“主键”命令，即可取消“教师编号”主键，如图 2.31 所示。

(3) 切换到 teacher 表的数据表视图，单击第一条记录的记录选择器，按住鼠标左键，拖动鼠标到第二条记录的记录选择器，选择前两条记录。单击“开始”选项卡“剪贴板”组中的“复制”按钮。

(4) 单击“开始”选项卡“剪贴板”组中的“粘贴”向下箭头按钮，在弹出的菜单中选择“粘贴追加”命令，如图 2.32 所示，所选记录追加到表的末尾。

(5) 选择后两条记录，单击“开始”选项卡“记录”组的“删除”按钮✕，或者按 Delete 键。在弹出的提示框中单击“是”按钮，如图 2.33 所示，删除记录。

(6) 单击“记录”组中的“保存”按钮。

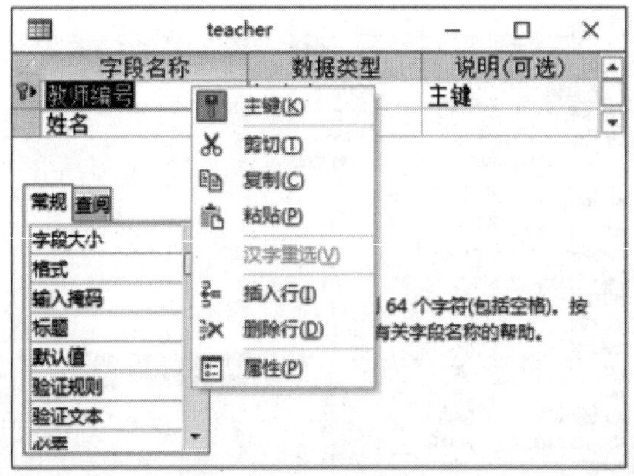

图 2.31　取消表的主键

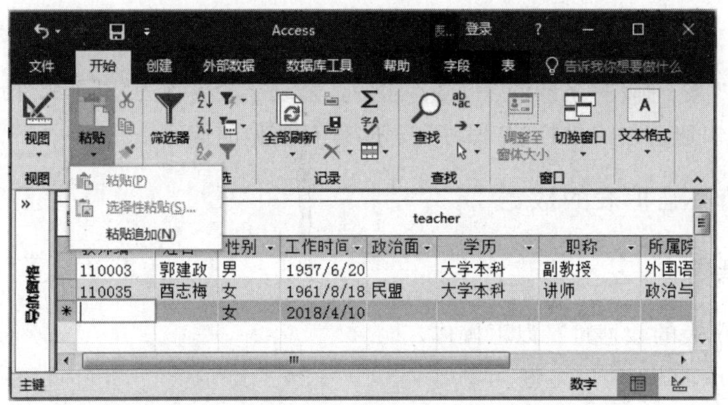

图 2.32　复制记录

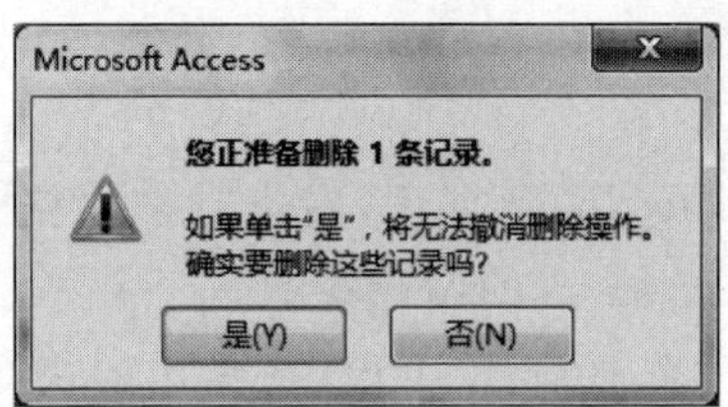

图 2.33　删除记录提示框

实验 2-7　调整表的外观

1. 实验要求

调整 teacher 表的外观。交换"爱好"和"照片"两列的位置；调整"所属院系"列的列宽为 20；隐藏"照片"字段列，再将"照片"列重新显示出来；冻结"所属院系"列，再取消其冻结；设置 teacher 表的字体为"楷体"，字号为"14 磅"；单元格效果为"凸起"，背景色为"白色，背景 1，深色 15%"，网格线颜色为"红色"。

2. 实验步骤

(1) 打开“学生信息管理.accdb”数据库，双击导航窗格 teacher 表，打开 teacher 表的数据表视图。

(2) 单击“爱好”列的字段标题处，选中该列，按住鼠标左键拖动鼠标到“照片”字段前，释放鼠标左键。

(3) 单击“所属院系”列的字段标题处，单击“开始”选项卡“记录”组中的“其他”按钮，在弹出的菜单中选择“字段宽度”命令，如图 2.34 所示，弹出“列宽”对话框，在“列宽”文本框中输入 20，如图 2.35 所示，单击“确定”按钮，保存修改。

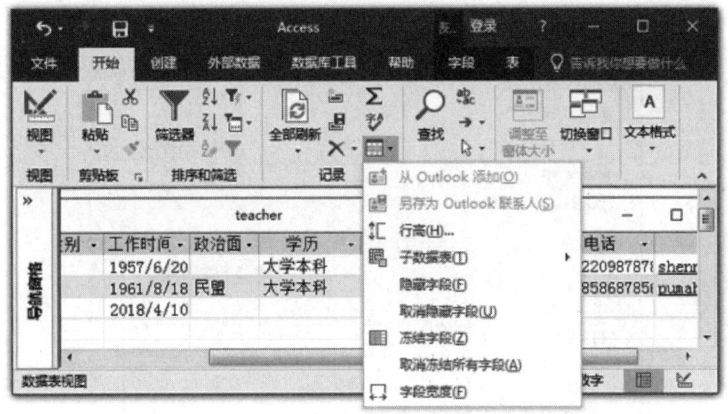

图 2.34 选择“字段宽度”命令

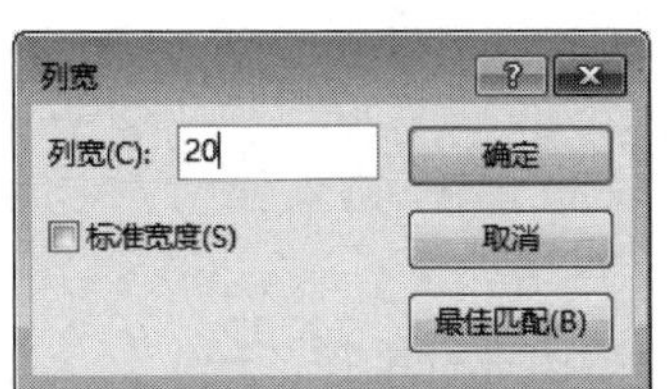

图 2.35 设置列宽

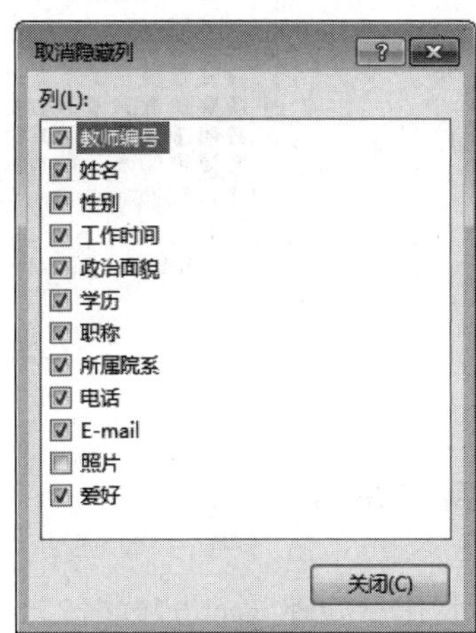

图 2.36 取消隐藏列

(4) 选中“照片”列，单击“开始”选项卡“记录”组中的“其他”按钮，在弹出的菜单中选择“隐藏字段”命令，隐藏该列。若要取消隐藏，单击“开始”选项卡“记录”组中的“其他”按钮，在弹出的菜单中选择“取消隐藏字段”命令，弹出如图 2.36 所示的对话框，在“列”列表中选中“照片”复选框，使“照片”列重新显示出来。

(5) 选中"所属院系"列,单击"开始"选项卡"记录"组中的"其他"按钮,在弹出的菜单中选择"冻结字段"命令,冻结该列。此时"所属院系"列出现在数据表的第一列。拖动数据表底部的水平滚动条,"所属院系"列始终固定在最左侧。单击"开始"选项卡"记录"组中的"其他"按钮,在弹出的菜单中选择"取消冻结所有字段"命令,取消冻结。

(6) 在"开始"选项卡"文本格式"组中,从"字体"下拉列表中选择"楷体"选项,在"字号"列表中选择"14"选项。

(7) 单击"开始"选项卡"文本格式"组右下角的"设置数据表格式"按钮,弹出"设置数据表格式"对话框,在"单元格效果"中选择"凸起"单选按钮,在"背景色"的下拉列表中选择"白色,背景 1,深色 15%"选项,设置网格线颜色为"红色",如图 2.37 所示,单击"确定"按钮保存设置。

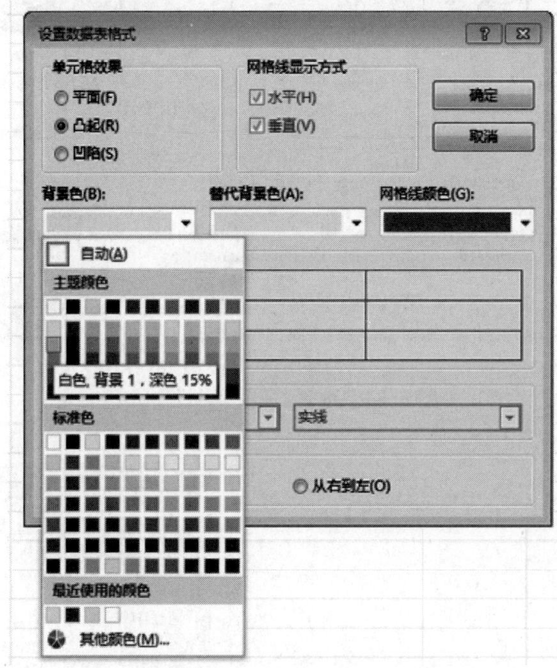

图 2.37 "设置数据表格式"对话框

2.2.3 实验练习

(1) 对"图书管理.accdb"数据库的"类别表"的表结构进行维护。

① 将"类别号"的字段大小改为 2。

② 设置"类别号"的格式属性,所有字符为大写。

③ 设置"类别号"的输入掩码,可以选择输入两位的字母或数字。

④ 修改"类别名称"字段的大小为 20。

⑤ 设置"类别名称"字段的"必需"属性为"是",不允许输入空字符串。

⑥ 设置"类别号"为主键。

⑦ 删除"ID"字段及数据。

(2) 对"图书管理.accdb"数据库中的"借书证表"的表结构进行维护。

① 在"借书证表"的"身份证号码"前增加新字段"照片",数据类型为"OLE 对象"。

② 在借书证号是"000001"记录对应的"照片"单元格中插入图片。

(3) 对"图书管理.accdb"数据库的"图书书目表"的数据进行维护。

① 查看第 10 条记录。

② 添加一条新记录,数据依次为:TP,00000025,C 语言程序设计,谭浩强,38,No。

③ 删除"图书书目表"的第 25 条记录。

(4) 调整"图书管理.accdb"数据库中"图书书目表"表的外观。

① 将"图书书目表"的"是否借出"字段冻结起来,然后移动光标,观察显示结果,最后取消冻结该列。

② 隐藏"定价"列,然后取消隐藏。

③ 设置行高为 20。

④ 设置"图书名称"字段列的列宽为"最佳匹配"。

⑤ 设置表中字体为"隶书",字号为"12"。

2.3 表记录的操作

2.3.1 实验目的

1. 掌握数据的查找和替换的方法。
2. 掌握数据的排序。
3. 掌握常用的数据筛选方法。

2.3.2 实验内容

实验 2-8 数据的查找和替换

1. 实验要求

将 teacher 表中"学历"是"大学本科"的替换为"本科"。

2. 实验步骤

(1) 打开"学生信息管理.accdb"数据库,双击导航窗格 teacher 表,打开 teacher 表的数据表视图。

(2) 选中"学历"列,切换到"开始"选项卡,单击"查找"组的"替换"按钮,打开"查找和替换"对话框,如图 2.38 所示,在"查找内容"文本框中输入"大学本科",在"替换为"文本框中输入"本科"。在"查找范围"下拉列表中选择"当前字段"选项,在"匹配"下拉列表中选择"整个字段"选项,在"搜索"下拉列表中选择"全部"选项。

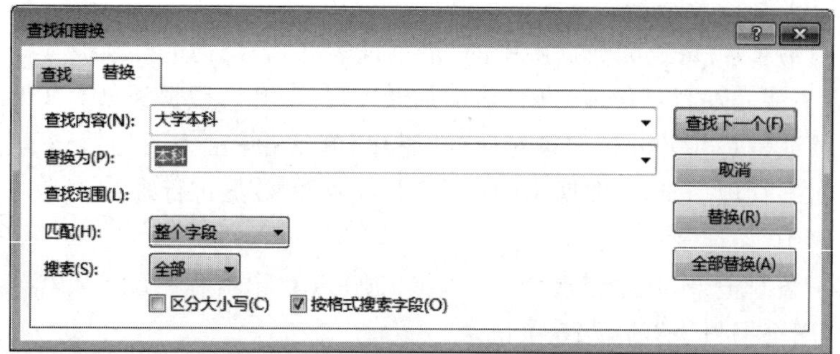

图 2.38　设置查找选项对话框

(3) 单击“全部替换”按钮，在弹出的信息提示框中选择“是”按钮，如图 2.39 所示，将所有“学历”为“大学本科”的数据替换为“本科”。

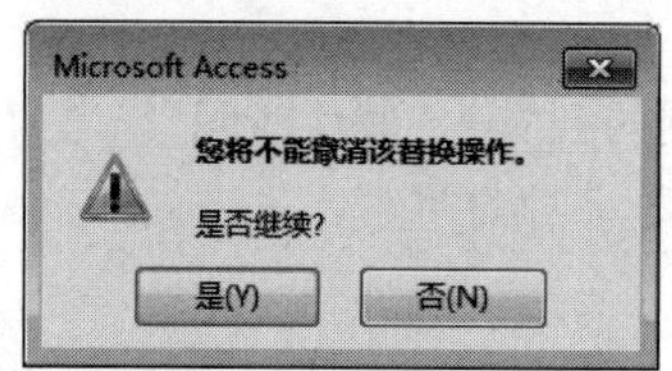

图 2.39　替换提示框

实验 2-9　数据排序

1. 实验要求

对“教师”表中的记录进行如下操作。

(1) 按“所属院系”降序排列，“所属院系”相同的记录按照“职称”降序排列。

(2) 先按“职称”降序排列，再按照“出生日期”升序排序。

2. 实验步骤

(1) 打开“学生信息管理.accdb”数据库，双击导航窗格“教师”表，打开“教师”表的数据表视图。

(2) 选中“所属院系”字段列，拖动鼠标左键将其拖动到“职称”字段列左侧。

(3) 拖动鼠标左键选中“所属院系”和“职称”字段列，右击选中的字段，从弹出的菜单中选择“降序”命令。

(4) 查看排序结果，“教师”表中的记录先按“所属院系”降序排列，“所属院系”相同的记录按照“职称”降序排列，效果如图 2.40 所示。

(5) 切换到“开始”选项卡，单击“排序和筛选”组中的“高级筛选选项”按钮，从弹出的菜单中选择“高级筛选/排序”命令，打开“教师筛选 1”窗口。在第 1 列的“字段”下拉列表中选择“职称”字段，并在其“排序”下拉列表中选择“降序”选项；在第 2 列的“字段”下拉列表中选择“出生日期”字段，并在其“排序”下拉列表中选择“升序”选项，如图 2.41 所示。

教师

教师编号	姓名	性别	出生日期	政治面貌	学历	所属院系	职称	
330046	付晓燕	女	1961/11/8		研究生	24	教授	nga
230049	李林玉	女	1963/4/8	中共党员	研究生	24	教授	zji
210074	孙毅	男	1968/6/1	九三学社	大学本科	24	讲师	yyp
230062	宋倩倩	女	1978/9/3	民盟	研究生	24	讲师	jhx
330074	杨婧	女	1976/9/2	九三学社	大学本科	24	讲师	kel
330013	李悦	女	1961/1/12	民盟	研究生	24	讲师	tla
280192	刘贤龙	男	1972/4/2	九三学社	大学本科	24	讲师	pho
330012	叶彦汝	女	1978/12/27	九三学社	研究生	24	讲师	mim
110035	酉志梅	女	1961/8/18	民盟	大学本科	24	讲师	pum
280094	董有建	男	1965/11/23	九三学社	研究生	24	讲师	yan
140103	卢立丽	女	1961/9/10	九三学社	研究生	24	讲师	xie
280194	滕铭玺	男	1966/3/28	民盟	大学本科	24	讲师	faa
240048	敬玉红	女	1973/2/21		研究生	24	副教授	czi
280090	辛刚	男	1963/8/9		研究生	24	副教授	cha
280072	刘婷婷	女	1970/4/6	致公党	研究生	24	副教授	yin
270016	刘建晓	男	1961/3/19	致公党	大学本科	24	副教授	peg
120018	李浩	女	1971/1/9		研究生	24	副教授	hwf
240015	李佳琳	女	1968/5/28	致公党	大学本科	24	副教授	136
330075	王聪	女	1962/5/15	致公党	研究生	24	副教授	yao
230075	高明	男	1964/7/20	中共党员	大学本科	23	助教	shi

记录: 第 7 项(共 89 项 搜索

图 2.40　按“所属院系”及“职称”两个字段降序排列

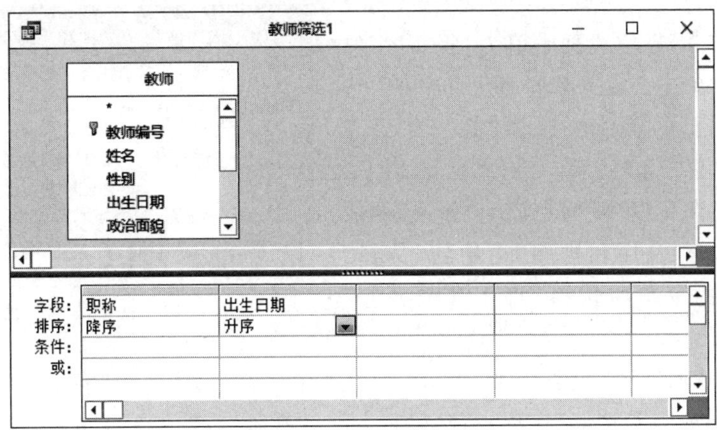

图 2.41　高级筛选窗口

(6) 单击“排序和筛选”组中的“切换筛选”按钮，查看排序结果，如图 2.42 所示。

(7) 单击“排序和筛选”组中的“取消排序”按钮，数据表恢复到排序前的状态。

实验 2-10　记录的筛选

1. 实验要求

对“教师”表中的记录进行如下操作。

(1) 筛选出学历是研究生，职称是教授的记录，然后取消筛选。

(2) 筛选 1980 年以后出生的教授和 1970 年以前出生的讲师，并按职称、升序排序，然后取消筛选。

教师

教师编号	姓名	性别	出生日期	政治面貌	学历	所属院系	职称
230075	高明	男	1964/7/20	中共党员	大学本科	23	助教
120026	孙开晖	女	1965/7/28	中共党员	研究生	18	助教
280078	胡燕	女	1969/7/18	中共党员	大学本科	23	助教
450496	丁兴	男	1975/8/20	中共党员	大学本科	16	助教
320016	赵迎庆	男	1980/9/10	中共党员	研究生	24	助教
330046	付晓燕	女	1961/11/8		研究生	24	教授
120008	王守海	男	1962/11/27	中共党员	研究生	22	教授
230049	李林玉	女	1963/4/8	中共党员	研究生	24	教授
410152	范海娃	男	1963/5/18	中共党员	大学本科	18	教授
330031	尤从华	男	1965/3/4	中共党员	研究生	16	教授
250018	路兴元	男	1966/5/17	中共党员	研究生	13	教授
330109	陈鹏	男	1967/5/8		大学本科	12	教授
320026	宋金强	男	1967/5/29	中共党员	研究生	17	教授
330055	董亚莎	女	1967/12/7	中共党员	大学本科	17	教授

记录：第 18 项(共 89 项) 无筛选器 搜索

图 2.42　按"职称"降序和"出生日期"升序查看排序结果

2. 实验步骤

(1) 打开"学生信息管理.accdb"数据库，双击导航窗格中的"教师"表，打开"教师"表的数据表视图。

(2) 选中"学历"字段列中值为"研究生"的任意单元格。单击"筛序和排序"组中的"选择"按钮，从弹出的菜单中选择"等于""研究生"""选项，如图 2.43 所示。

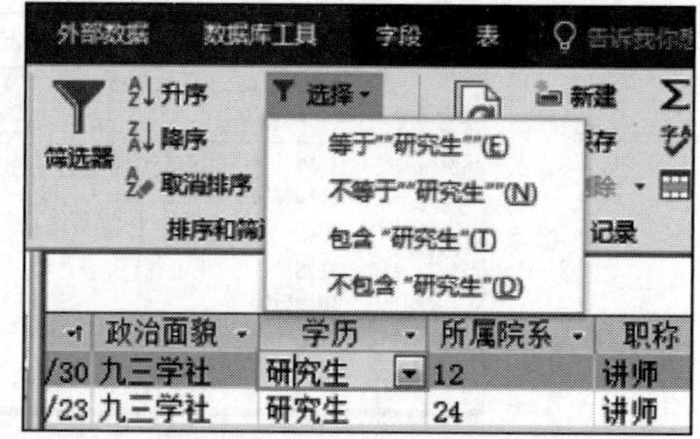

图 2.43　选中要筛选的内容

(3) 选中"职称"字段列中值为"教授"的任意单元格。单击"筛序和排序"组中的"选择"按钮，从弹出的菜单中选择"等于""教授"""选项。

(4) 查看筛选结果，如图 2.44 所示。单击"排序和筛选"组中"高级"按钮，从下拉列表中选择"清除所有筛选器"选项，清除筛选，显示"教师"表的所有记录。

教师

教师编号	姓名	性别	出生日期	政治面貌	学历	所属院系	职称	电子邮件
330046	付晓燕	女	1961/11/8		研究生	24	教授	nga5c@yahoo.com.hk
120008	王守海	男	1962/11/27	中共党员	研究生	22	教授	
230049	李林玉	女	1963/4/8	中共党员	研究生	24	教授	zjjhtxx@vip.sina.c
330031	尤从华	男	1965/3/4	中共党员	研究生	16	教授	nga5c@yahoo.com.hk
250018	路兴元	男	1966/5/17	中共党员	研究生	13	教授	wcqxyx@163.com
320026	宋金强	男	1967/5/29	中共党员	研究生	17	教授	raymondchoi04@yahc
280107	张镇	男	1970/2/25	中共党员	研究生	14	教授	ayako04620@yahoo.c
410147	武青	女	1970/8/12		研究生	23	教授	miyokarakara@126.c
210040	陈东慧	女	1974/12/22		研究生	23	教授	xuhj-2005@163.com
330020	王书奥	男	1975/9/15		研究生	23	教授	lungsuey@yahoo.com
250056	刘龙龙	男	1977/8/18		研究生	11	教授	2308912@163.com
240047	李伟敏	女	1978/12/16		研究生	23	教授	jhgjm@sina.com
310045	顾春斐	女	1980/9/3	中共党员	研究生	24	教授	mandylau1986@yahoc

记录：第 9 项(共 13 项) 已筛选 搜索

图 2.44　筛选结果

(5) 单击“排序和筛选”组中的“高级”按钮，在弹出的菜单中选择“高级筛选/排序”命令，打开“教师筛选1”窗口，如图2.45所示。

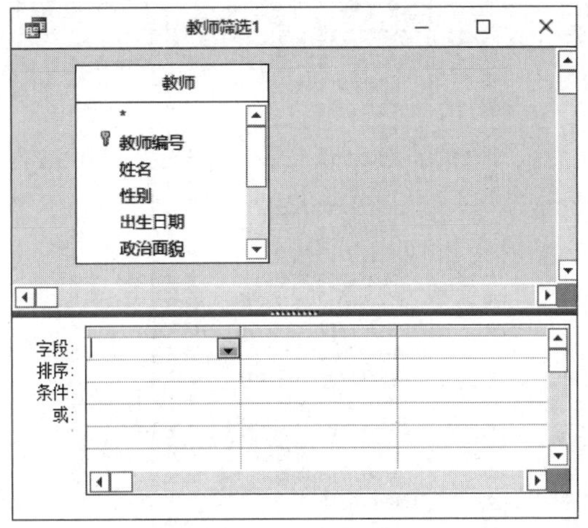

图2.45 “高级筛选”窗口

(6) 单击设计网络中第1列“字段”行，并单击右侧的向下箭头按钮，从打开的列表中选择“出生日期”字段，然后用同样的方法在第2列的“字段”行上选择“职称”字段。

(7) 在“出生日期”的“条件”行单元格中输入条件“>=#1980/1/1#”，在“职称”对应单元格中输入筛选条件“教授”，如图2.46所示。

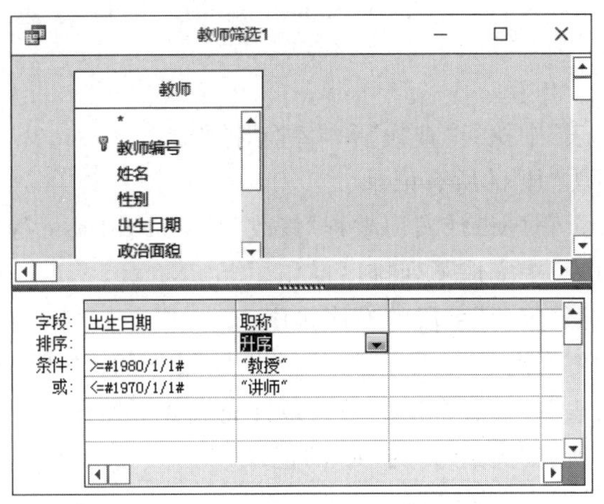

图2.46 “高级筛选”窗口设置

(8) 在“出生日期”的“或”行单元格中输入条件“<=#1970/1/1#”，在“职称”对应单元格中输入筛选条件“讲师”，如图2.46所示。

(9) 单击“职称”字段的“排序”行单元格，并单击右侧的向下箭头按钮，从打开的列表中选择“升序”选项，如图2.46所示。

(10) 单击“切换筛选”按钮，或者单击“高级”下拉列表中的“应用筛选/排序”选项，查看筛选结果,筛选结果如图 2.47 所示。

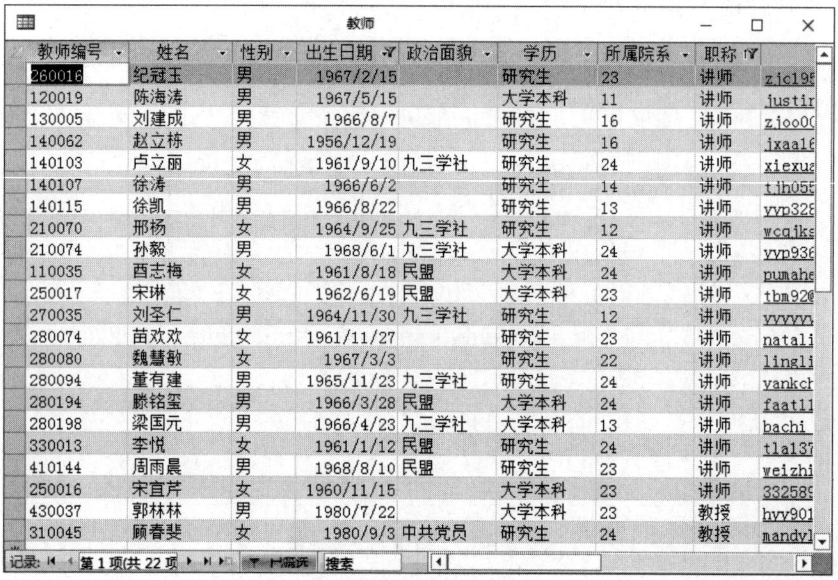

教师

教师编号	姓名	性别	出生日期	政治面貌	学历	所属院系	职称	
260016	纪冠玉	男	1967/2/15		研究生	23	讲师	zjc195
120019	陈海涛	男	1967/5/15		大学本科	11	讲师	justir
130005	刘建成	男	1966/8/7		研究生	16	讲师	zjoo0
140062	赵立栋	男	1956/12/19		研究生	16	讲师	jxaa16
140103	卢立丽	女	1961/9/10	九三学社	研究生	24	讲师	xiexua
140107	徐涛	男	1966/6/2		研究生	14	讲师	tjh055
140115	徐凯	男	1966/8/22		研究生	13	讲师	yyp328
210070	邢杨	女	1964/9/25	九三学社	研究生	12	讲师	wcqjks
210074	孙毅	男	1968/6/1	九三学社	大学本科	24	讲师	yyp936
110035	酉志梅	女	1961/8/18	民盟	大学本科	24	讲师	pumahe
250017	宋琳	女	1962/6/19	民盟	大学本科	23	讲师	tbm92
270035	刘圣仁	男	1964/11/30	九三学社	研究生	12	讲师	yyyyyy
280074	苗欢欢	女	1961/11/27		研究生	23	讲师	natali
280080	魏慧敏	女	1967/3/3		研究生	22	讲师	lingli
280094	董有建	男	1965/11/23	九三学社	研究生	24	讲师	yankch
280194	滕铭玺	男	1966/3/28	民盟	大学本科	24	讲师	faatl1
280198	梁国元	男	1966/4/23	九三学社	大学本科	13	讲师	bachi_
330013	李悦	女	1961/1/12	民盟	研究生	24	讲师	tla137
410144	周雨晨	男	1968/8/10	民盟	研究生	23	讲师	weizhi
250016	宋宜芹	女	1960/11/15		大学本科	23	讲师	332589
430037	郭林林	男	1980/7/22		大学本科	23	教授	hyy901
310045	顾春斐	女	1980/9/3	中共党员	研究生	24	教授	mandyl

记录: 第 1 项(共 22 项 已筛选 搜索

图 2.47 "高级筛选"结果

(11) 单击"排序和筛选"组中"高级"按钮,从下拉列表中选择"清除所有筛选器"选项,清除筛选,显示"教师"表的所有记录。

2.3.3 实验练习

(1) 在"图书书目表"中执行"查找"和"替换"操作。

① 查找"类别号"为"R"的所有记录。

② 将"Visual Basic 程序设计实用教程"修改为"Visual Basic 程序设计基础"。

(2) 在"图书书目表"中完成下列排序操作。

① 将所有记录按照"定价"字段的升序排序。

② 将所有记录按照"类别号"的升序排列,"类别号"相同的再按照"图书名称"的降序排列。

(3) 在"图书书目表"中设置合适的筛选条件完成如下操作。

① 通过筛选查看所有"类别号"为"R"的记录。

② 筛选出"类别号"为"R"或"TP"的记录。

③ 筛选出"定价"大于等于 10 小于等于 20 的记录,并按照"图书编号"升序排列所有记录。

2.4 表间关系的操作

2.4.1 实验目的

(1) 了解表间关系的类型。

(2) 掌握建立表间关系的方法,熟悉表间关系的设置过程。

(3) 掌握编辑关系的方法。

(4) 理解并掌握参照完整性、级联更新和级联删除的意义和设置方法。

2.4.2 实验内容

实验 2-11 表间关系的创建

1. 实验要求

在"学生信息管理.accdb"数据库中,在"教师"表和"开课信息"表之间建立一对多关系。

2. 实验步骤

(1) 打开"学生信息管理.accdb"数据库,定义"教师"表"教师编号"字段为主键。

(2) 切换到"数据库工具"选项卡,在"关系"组中单击"关系"按钮。如果数据库尚未创建过任何关系,将会自动显示"显示表"对话框,如图 2.48 所示。如果数据库已经创建过关系,则单击"关系"组中的"显示表"按钮,打开"显示表"对话框。

图 2.48 "显示表"对话框

(3) 在"显示表"对话框中,选定"教师"表和"开课信息"表,通过单击"添加"按钮,将它们添加到"关系"窗口中,如图 2.49 所示。单击"关闭"按钮,关闭"显示表"对话框。

(4) 在"关系"窗口中,选中"教师"表的"教师编号"字段,按住鼠标左键,将其拖动到

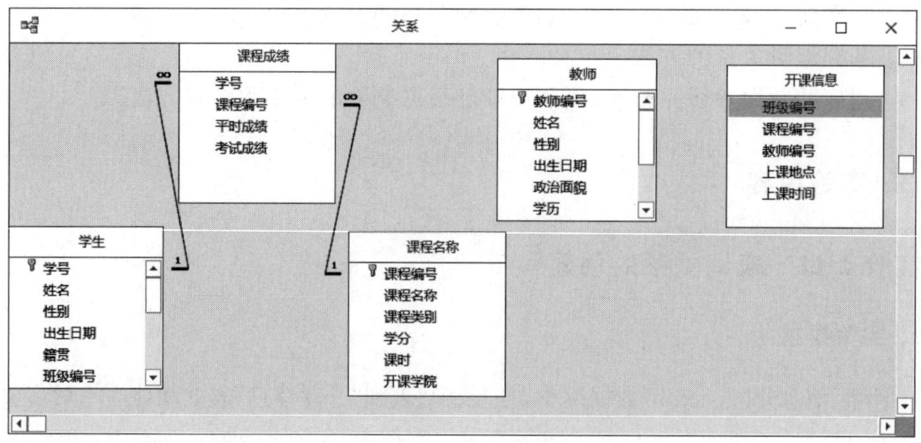

图 2.49 “关系”窗口

“开课信息”表的“教师编号”字段上，释放鼠标左键，此时弹出“编辑关系”对话框，如图 2.50 所示，单击“创建”按钮，完成“教师”表和“开课信息”表一对多关系的创建，创建的关系如图 2.51 所示。

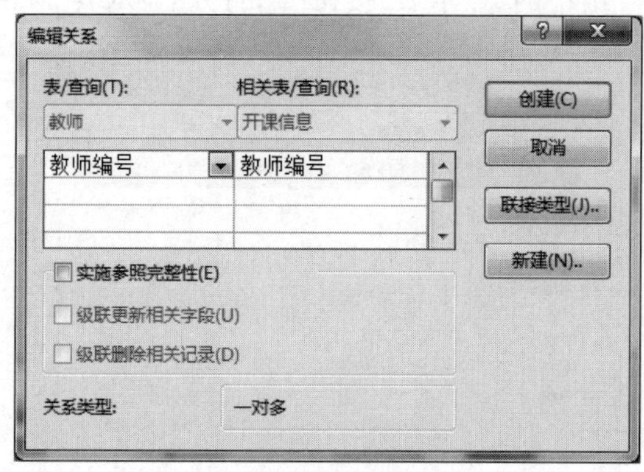

图 2.50 “编辑关系”对话框(一)

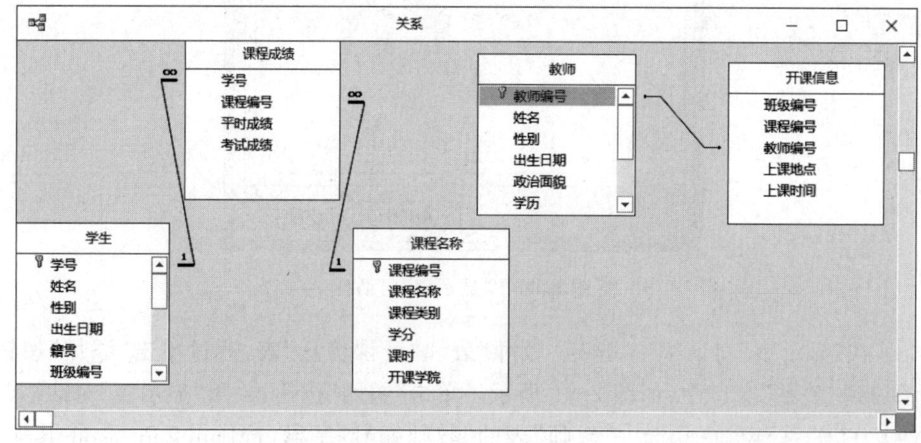

图 2.51 创建表间关系

(5) 单击“关系”窗口的“关闭”按钮，关闭“关系”窗口，保存此布局，将创建的关系保存在数据库中。

实验 2-12　实施参照完整性

1. 实验要求

在“学生信息管理.accdb”数据库中，为“教师”表和“开课信息”表关系实施参照完整性。

2. 实验步骤

(1) 打开“学生信息管理.accdb”数据库，切换到“数据库工具”选项卡，在“关系”组中单击“关系”按钮，打开“关系”窗口。

(2) 双击“教师”表和“开课信息”表间的连线，或右击连线，在弹出的快捷菜单中选择“编辑关系”选项，出现“编辑关系”对话框，如图 2.52 所示。

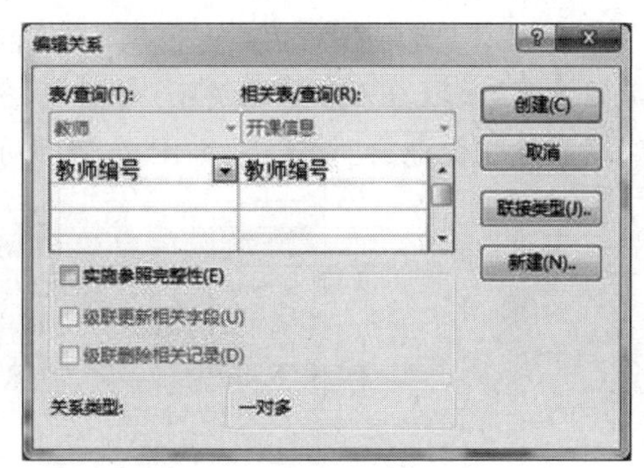

图 2.52　“编辑关系”对话框(二)

(3) 在“编辑关系”对话框中，选中“实施参照完整性”复选框，单击“确定”按钮，这时“教师”表和“开课信息”表之间的连线变成 1 ∞。

(4) 单击“关系”窗口的“关闭”按钮，关闭“关系”窗口。实施参照完整性的关系如图 2.53 所示。

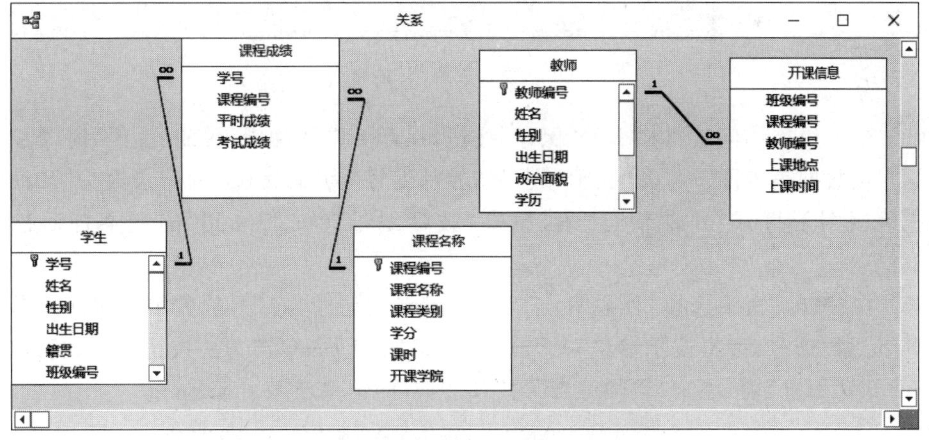

图 2.53　设置“实施参照完整性”后的关系布局

实验 2-13　级联更新和级联删除

1. 实验要求

在“学生信息管理.accdb”数据库中，对“教师”表和“开课信息”表之间的关系进行编辑。

(1) 设置“教师”表和“开课信息”表关系为“级联更新相关字段”“级联删除相关记录”。

(2) 将“教师”表中“教师编号”为“120008”的记录改为“128888”，观察“开课信息”表的变化。

(3) 删除“教师”表中“教师编号”为“120018”的记录，观察“开课信息”表的变化。

2. 实验步骤

(1) 打开“学生信息管理.accdb”数据库，切换到“数据库工具”选项卡，在“关系”组中单击“关系”按钮，打开“关系”窗口。

(2) 双击“教师”表和“开课信息”表间的连线，或右击连线，在弹出的快捷菜单中选择“编辑关系”选项，出现“编辑关系”对话框，选中“实施参照完整性”“级联更新相关字段”和“级联删除相关记录”复选框，如图 2.54 所示，单击“确定”按钮。

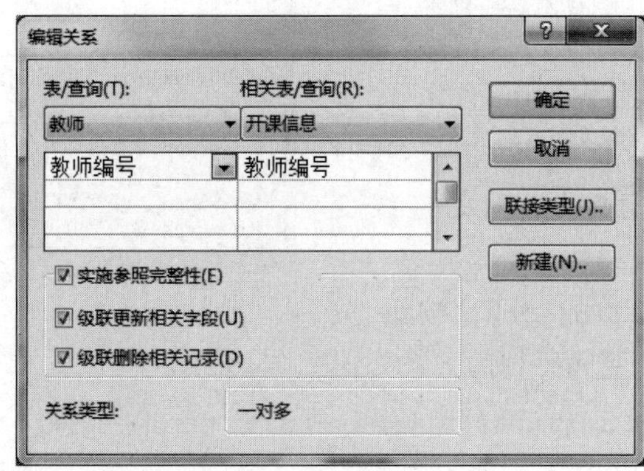

图 2.54 “编辑关系”对话框(三)

(3) 单击快速访问工具栏上的“保存”按钮，保存关系的编辑，关闭“关系”窗口。

(4) 在数据表视图下打开“教师”表，将“教师编号”为“120008”的记录改为“128888”。在数据表视图下打开“开课信息”表，原来“教师编号”为“120008”的记录自动替换为“128888”。

(5) 在“教师”表中选择“教师编号”为“120018”的记录，右击，从弹出的快捷菜单中选择“删除记录”命令，弹出提示信息对话框，如图 2.55 所示，单击“是”按钮。在数据表视图下打开“开课信息”表，原来“教师编号”为“120018”的记录已被自动删除。

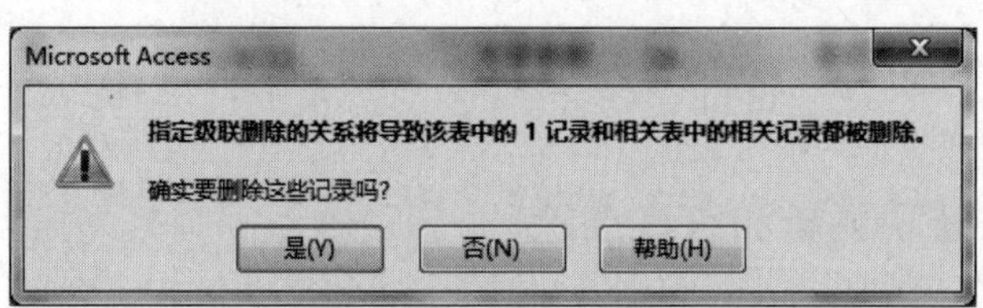

图 2.55 确定删除对话框

2.4.3 实验练习

(1) 为“图书管理.accdb”数据库创建合理的表间关系及参照完整性,结果如图 2.56 所示。

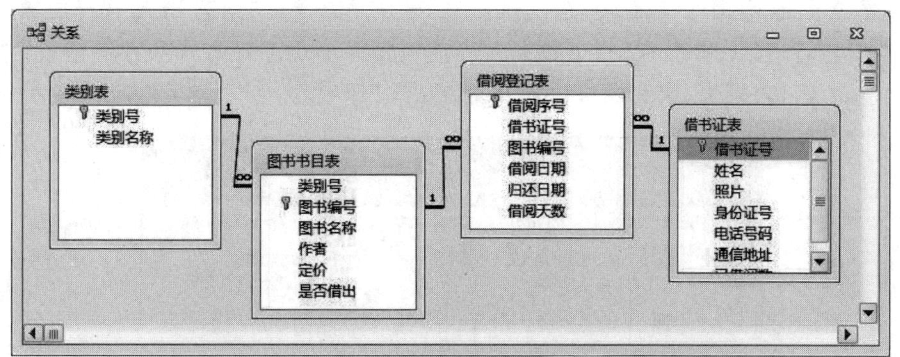

图 2.56 “图书管理.accdb”数据库的表间关系及参照完整性

(2) 尝试删除“类别表”中“类别号”为“TP”的记录,能否删除成功?为什么?

(3) 为“图书管理.accdb”数据库中所有的表关系设置“级联更新相关字段”和“级联删除相关记录”。

(4) 再一次尝试删除“类别表”中“类别号”为“TP”的记录,能否删除成功?为什么?

(5) 将“借书证表”中“000001”的“类别号”改为“000011”,打开“借阅登记表”查看结果。

2.5 表数据的导入和导出

2.5.1 实验目的

(1) 掌握常用的数据导入的方法。

(2) 掌握常用的数据导出的方法。

2.5.2 实验内容

实验 2-14 数据的导入

1. 实验要求

将“学生信息管理.accdb”数据库中“学生”表和“课程成绩”导入到“备份.accdb”数据库中,表的名称不变。

2. 实验步骤

(1) 新建空白数据库“备份. accdb”。

(2) 在“备份. accdb”数据库中，切换到“外部数据库”选项卡，在“导入并链接”组中单击“新数据源”按钮，弹出如图 2.57 所示菜单，单击“从数据库|Access”命令，打开 “获取外部数据-Access 数据库”对话框之一，如图 2.58 所示。单击“浏览”按钮选择要导入的文件“学生信息管理. accdb”，在“指定数据在当前数据库中的存储方式和存储位置”中选择“将表、查询、窗体、报表、宏和模块导入当前数据库”选项。

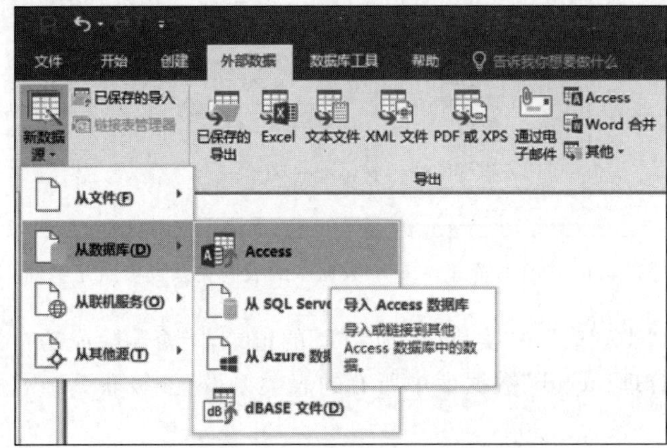

图 2.57　导入数据菜单命令

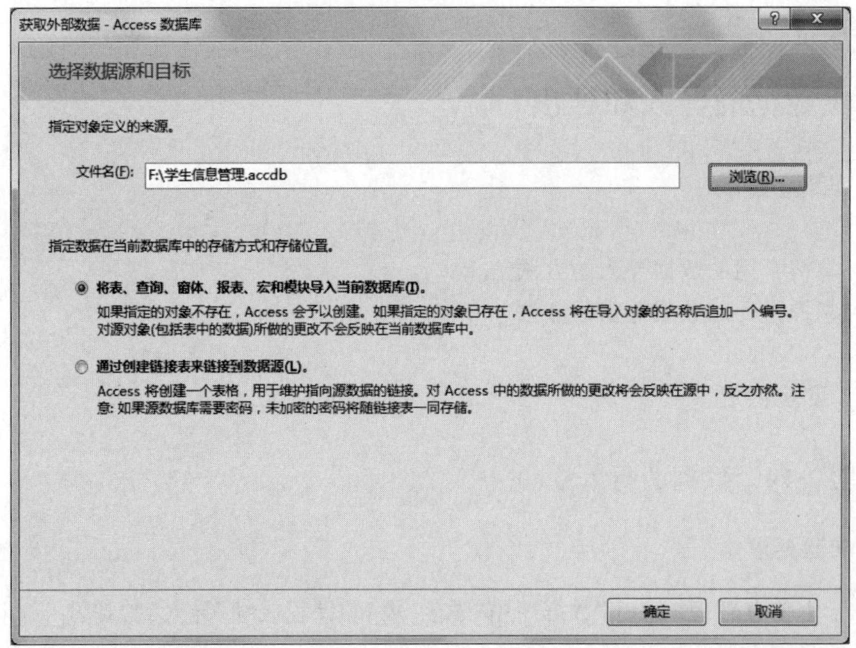

图 2.58　“获取外部数据-Access 数据库”对话框之一

(3) 单击“确定”按钮，打开“导入对象”对话框，如图 2.59 所示。在该对话框的“表”选项卡下，单击“学生”和“课程成绩”，以选择“学生”和“课程成绩”表。

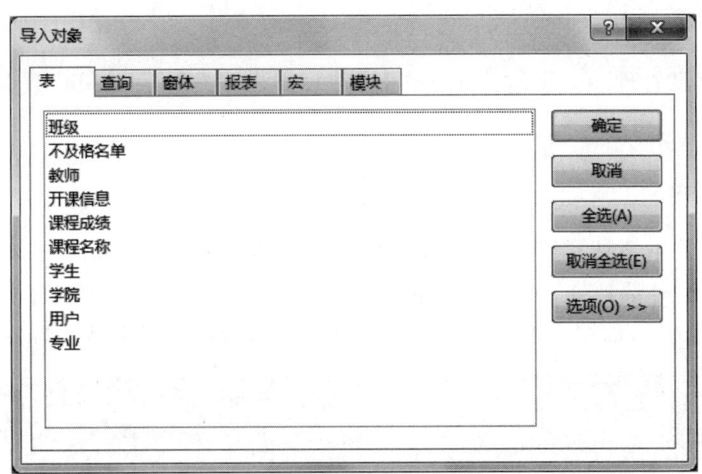

图 2.59 “导入对象”对话框

(4) 单击“确定”按钮，打开“获取外部数据-Access 数据库”对话框之二，如图 2.60 所示。对于经常进行同样数据导入操作的用户，可以选中“保存导入步骤”复选框，把导入步骤保存下来，方便以后快速完成同样的导入。这里不选中。

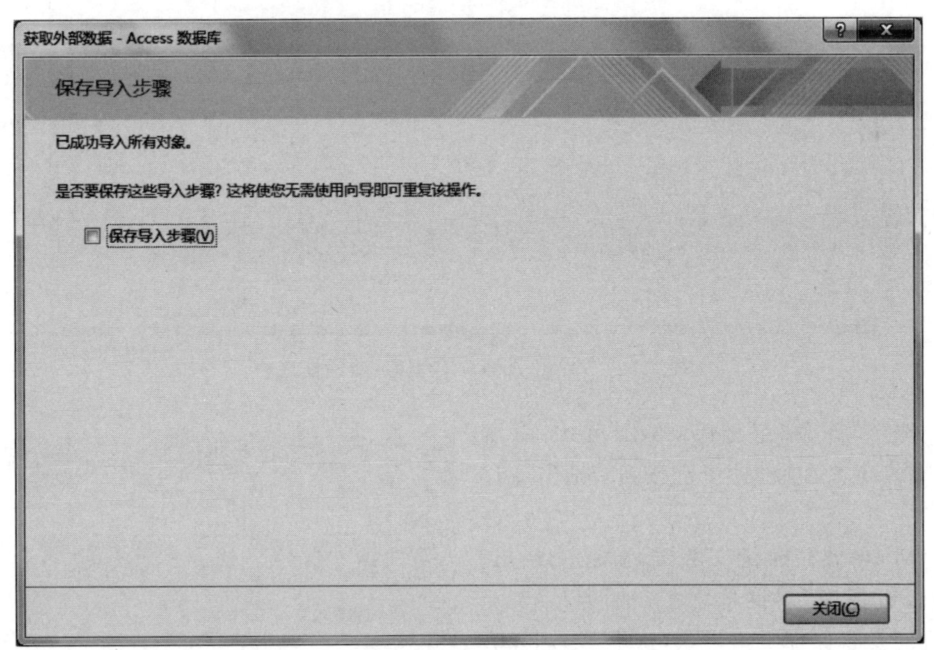

图 2.60 “获取外部数据-Access 数据库”对话框之二

(5) 单击“关闭”按钮，导入完成后，“备份.accdb”数据库导航窗格中显示导入的“学生”表和“课程成绩”表。

实验 2-15　数据的导出

1. 实验要求

将“学生信息管理. accdb”数据库中“教师”表导出到“备份. accdb”数据库中，表的名称不变。

2. 实验步骤

（1）打开“学生信息管理. accdb”数据库，从导航窗格中选中“教师”表对象。

（2）切换到“外部数据”选项卡，单击“导出”组中的“Access”按钮，打开“导出-Access 数据库”对话框之一，如图 2.61 所示。在该对话框中，指定目标文件名为“备份. accdb”。

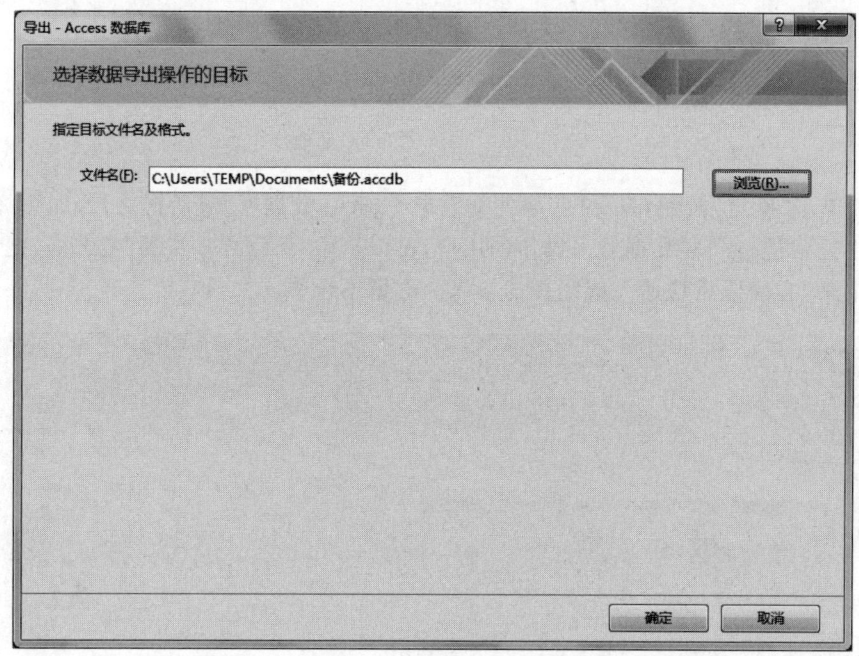

图 2.61　“导出-Access 数据库”对话框之一

（3）单击“确定”按钮，弹出“导出”对话框，选择“定义和数据”单选按钮，如图 2.62 所示。

（4）单击“确定”按钮，弹出“导出-Access 数据库”对话框之二，如图 2.63 所示，询问是否保存导出步骤，这里不选中，单击“关闭”按钮，完成表的导出。

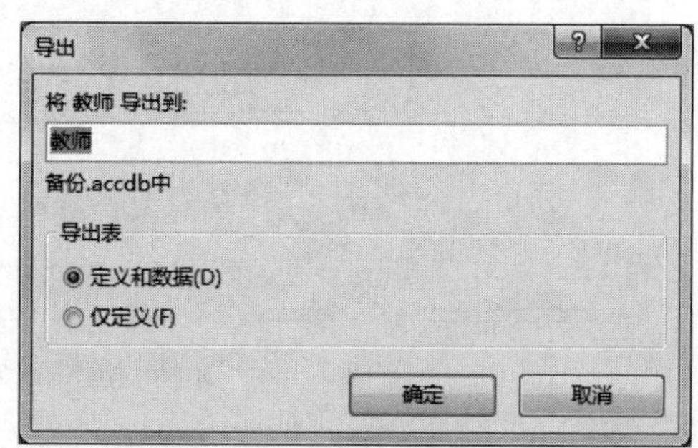

图 2.62　“导出”对话框

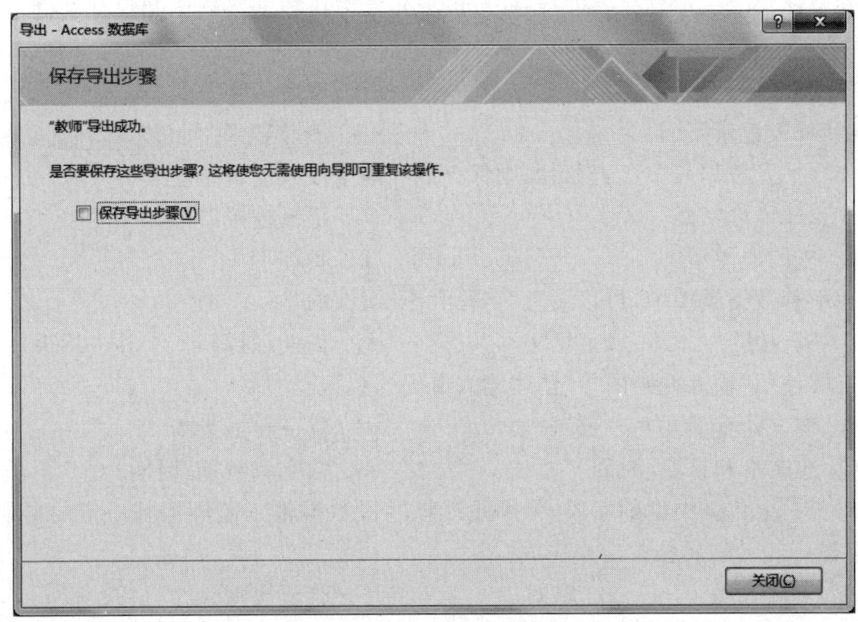

图 2.63 “导出-Access 数据库”对话框之二

2.5.3 实验练习

(1) 对“图书管理.accdb”数据库的表执行数据的导出操作。

① 将“图书书目表”导出为“图书书目表”电子表格。

② 将“借阅登记表”导出到“备份.accdb”数据库,并以“借阅登记表”命名。

(2) 对“图书管理.accdb”数据库的表执行数据的导入操作。

① 将“图书书目表.txt”导入当前数据库,命名为“图书书目表备份”。

② 将“备份.accdb”数据库的“借阅登记表”以“链接表”的形式重新导入当前数据库,并以“借阅登记表备份”命名。

2.6 习题

一、单项选择题

1. 下面对数据表的叙述有误的是(　　)。
   A. 数据表是 Access 数据库中的重要对象之一
   B. 表的“设计视图”的主要工作是设计表的结构
   C. 表的“数据表视图”只用于显示数据
   D. 可以将其他数据库的表导入当前数据库中
2. 在数据表视图下显示表时,记录行左侧标记的黑色三角形表示该记录是(　　)。
   A. 首记录　　B. 末尾记录　　C. 当前记录　　D. 新记录

3. 在 Access 中，对数据表进行修改，以下各操作在数据表视图和设计视图下都可以进行的是(　　)。

A. 修改字段类型　　B. 重命名字段
C. 修改记录　　D. 删除记录

4. 如果一张数据表中含有照片，则保存照片的字段数据类型应是(　　)。

A. OLE 对象型　　B. 超级链接型
C. 查阅向导型　　D. 备注型

5. 在下列数据类型中，可以设置"字段大小"属性的是(　　)。

A. 长文本　　B. 短文本　　C. 日期/时间　　D. 货币

6. 能够使用"输入掩码向导"创建输入掩码的数据类型是(　　)。

A. 短文本和货币　　B. 数字和短文本
C. 短文本和日期/时间　　D. 数字和日期/时间

7. 对于一个数据类型的字段，如果想对该字段数据输入范围添加一定的限制，可以通过对字段(　　)的属性设定来完成。

A. 字段大小　　B. 格式　　C. 验证规则　　D. 验证文本

8. 定义字段的默认值是指(　　)。

A. 不得使字段为空
B. 不允许字段的值超出某个范围
C. 在未输入数值之前，系统自动提供数值
D. 系统自动把大写字母转换为小写字母

9. 使用(　　)字段类型创建新的字段，可以使用列表框或组合框从另一个表或值列表中选择一个值。

A. 超级链接　　B. 自动编号　　C. 查阅向导　　D. OLE 对象

10. 关系数据库中的关键字是指(　　)。

A. 能唯一决定关系的字段　　B. 不可改动的专用保留字
C. 关键的很重要的字段　　D. 能唯一标识元组的属性或属性集合

11. 下列关于表间关系的说法中，错误的是(　　)。

A. 关系双方联系的对应字段的字段类型必须相同
B. 关系双方至少需要有一方为主关键字
C. 通过公共字段建立关系
D. 在 Access 中，两个表之间可以建立多对多的关系

12. 要求主表中没有相关记录时就不能将记录添加到相关表中，则应该在表关系中设置(　　)。

A. 参照完整性　　B. 有效性规则
C. 输入掩码　　D. 级联更新相关字段

13. 如果在一对多关系中修改一方的原始记录后，另一方立即更改，应设置(　　)。

A. 实施参照完整性　　B. 级联更新相关字段
C. 级联删除相关记录　　D. 以上都不是

14. 排序时如果选取了多个字段，则结果是(　　)。

A. 按照最左边的列排序　　B. 按照最右边的列排序

C. 按照从左向右的次序依次排序　　D. 无法进行排序

15. 在 Access 中文版中，以下排序记录所依据的规则中，错误的是(　　)。

A. 中文按拼音字母的顺序排序

B. 数字由小到大排序

C. 英文按字母顺序排序，小写在前，大写在后

D. 以升序排序时，任何含有空字段值的记录将排在列表的第 1 条

16. 在显示数据表时，某些列的内容不想显示又不能删除，可以对其进行(　　)。

A. 剪切　　B. 隐藏　　C. 冻结　　D. 移动

17. 要在表中直接显示"李"姓同学的所有记录，可用(　　)的方法。

A. 排序　　B. 筛选　　C. 隐藏　　D. 冻结

18. 要在表中使某些字段不移动显示位置，可用(　　)的方法。

A. 排序　　B. 筛选　　C. 隐藏　　D. 冻结

19. 筛选的结果是过滤掉(　　)。

A. 不满足条件的记录　　B. 满足条件的记录

C. 不满足条件的字段　　D. 满足条件的字段

20. 下列关于获取外部数据的说法中，错误的是(　　)。

A. 导入表后，在 Access 中修改、删除记录等操作不影响原来的数据文件

B. 链接表后，在 Access 中对数据所做的更改都会影响到原数据文件

C. 在 Access 中可以导入 Excel 工作表、其他 Access 数据库中的表和 FoxPro 数据库文件

D. 链接表后形成的表其图标和用 Access 向导生成的表的图标是一样的

二、填空题

1. 修改表结构只能在________视图中完成。

2. ________属性用于限制输入到该字段的最大长度，当输入的数据超过该字段设置的字段大小时，系统将拒绝接收。

3. 字段大小属性只适用于________、________和________的字段。

4. 当输入的数据违反"验证规则"时，系统会以________ 作为提示信息。

5. 表的"设计"视图包括两个区域：字段输入区和________。

6. ________属性是用来设置标题的别名。

7. ________属性影响数据的显示和打印方式，可以使数据的显示统一美观。如果需要控制输入字段数据上的格式，则应设置________属性。

8. "查阅"字段提供的值可以来自固定值，也可以来自________。

9. 在 Access 中主要有 3 种主键：自动编号主键、________和________。

10. "学生信息管理.accdb"数据库中有学生表、课程表和选课成绩表，为了有效地反映这 3 张表中数据之间的联系，在创建数据库时应设置________。

11. 如果表中一个字段不是本表的主关键字，而是另外一个表的主关键字或候选关键字，这个字段称为________。

12. 参照完整性规则包括________、________和________ 3 个方面。

13. 如果希望两个字段按不同的次序排序，或者按两个不相邻的字段排序，需使用________窗口。

14. 在操作数据表时，如果要修改表中多处相同的数据，可以使用________功能，自动将查找到的数据修改为新数据。

三、简答题

1. 字段的命名规则有哪些？
2. Access 的数据类型有哪几种？
3. 什么是级联更新？什么是级联删除？实施参照完整性的作用是什么？
4. 字段大小的含义是什么？
5. 什么是主键？设置主键的意义是什么？
6. 表之间的关系有哪几种？请举例说明。
7. 如何输入 OLE 对象型字段数据？如何输入是/否型字段的数据？
8. “格式”和“输入掩码”属性分别有什么作用？二者有何区别？
9. Access 数据库中有哪几种筛选方式？如何操作？它们有什么样的区别？
10. 在数据表视图中如何调整行高、列宽？
11. 在数据表视图中如何隐藏或显示列？如何冻结或解冻列？

2.7 参考答案

一、单项选择题

1. C	2. C	3. B	4. A	5. B	6. C
7. C	8. C	9. C	10. D	11. D	12. A
13. B	14. C	15. C	16. B	17. B	18. D
19. A	20. D				

二、填空题

1. 设计
2. 字段大小
3. 短文本、数字或自动编号类型
4. 验证文本
5. 字段属性区
6. 标题
7. 格式、输入掩码

8. 表或查询
9. 单字段主键和多字段主键
10. 关系
11. 外键
12. 实施参照完整性、级联更新相关字段、级联删除相关记录
13. 高级筛选/排序窗口
14. 替换

三、简答题

略

第3章　查　　询

3.1　选择查询

3.1.1　实验目的

（1）掌握利用向导和设计器创建选择查询的方法。
（2）掌握查询规则的确定方法。
（3）掌握在查询中对字段实现排序。
（4）在查询中创建计算字段，掌握利用函数从字段数据中提取信息的基本方法。

3.1.2　实验内容

实验 3-1　在查询设计视图中创建选择查询

1. 实验要求

使用设计视图创建名称为“教授周一开课情况”的查询。要求显示周一有课的教授的“教师编号”“姓名”“职称”“课程名称”“上课地点”和“上课时间”等信息。

2. 实验步骤

（1）打开“学生信息管理.accdb”数据库，单击“创建”选项卡“查询”组中的“查询设计”按钮，这时屏幕上会打开查询设计视图，同时弹出“显示表”对话框用于添加查询所需的数据源，如图 3.1 所示。“显示表”对话框关闭后，可以在设计视图上半部窗格右击，选择“显示表”命令重新打开。

（2）在“显示表”对话框中有 3 个选项卡：“表”“查询”和“两者都有”。如果建立查询的数据来源于表，则单击“表”选项卡；如果来源于查询，则单击“查询”选项卡；如果同时来源于表和查询，则单击“两者都有”选项卡。这里是来源于表，因此选择“表”选项卡。

（3）添加查询所需的表：双击“教师”表，这时“教师”表字段列表添加到查询设计视图上半部分的窗口中，然后双击“开课信息”表和“课程名称”表，将它们添加到查询设计视图上半部分的窗口中。单击“关闭”按钮，关闭“显示表”对话框。这时，3 个表以及它们之间的关系会显示在查询设计视图上半部分窗口中，如图 3.2 所示。

（4）双击“教师”表中的“教师编号”“姓名”和“职称”字段，“课程名称”表中的“课程名称”字段，以及“开课信息”表中的“上课地点”和“上课时间”字段，将它们添加到“字段”行的第 1～6 列。同时，“表”行显示了这些字段所在表的名称，如图 3.3 所示。

在设计视图的“显示”行中可以通过选中复选框的方式确定是否在查询结果中显示该

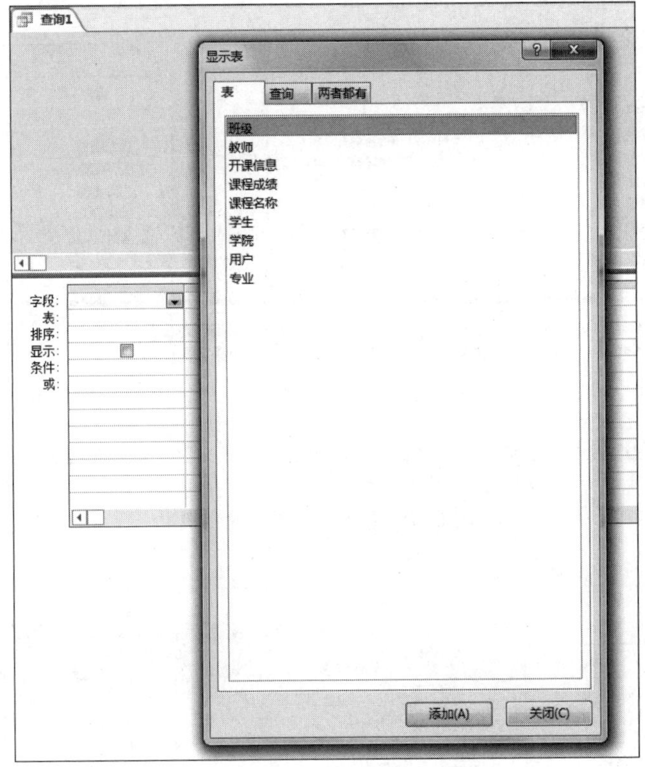

图 3.1　从“显示表”对话框中添加表

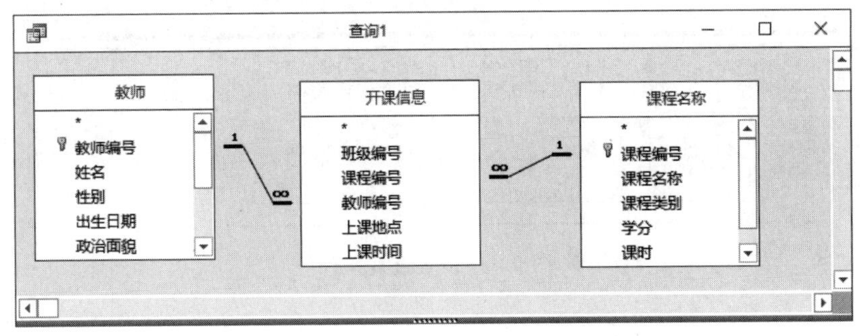

图 3.2　查询设计视图上半部分窗口

字段。这 6 个字段所对应的复选框全部默认选中，在查询结果中全部显示出来。

(5) 设置查询条件：在“职称”字段的“条件”行单元格输入“教授”，在“上课时间”字段的“条件”行单元格输入“Like "周一 * "”，如图 3.4 所示。

(6) 运行查询预览查询结果：单击“查询工具|设计”选项卡中的“视图”按钮，或单击“运行”按钮，切换到数据表视图。这时可以看到查询执行的结果，如图 3.5 所示。

(7) 保存查询对象：按 Ctrl+S 组合键或单击快速访问工具栏中的“保存”按钮，在打开的“另存为”对话框中输入查询名称“教授周一开课情况”，然后单击“确定”按钮，保存查询，如图 3.6 所示。

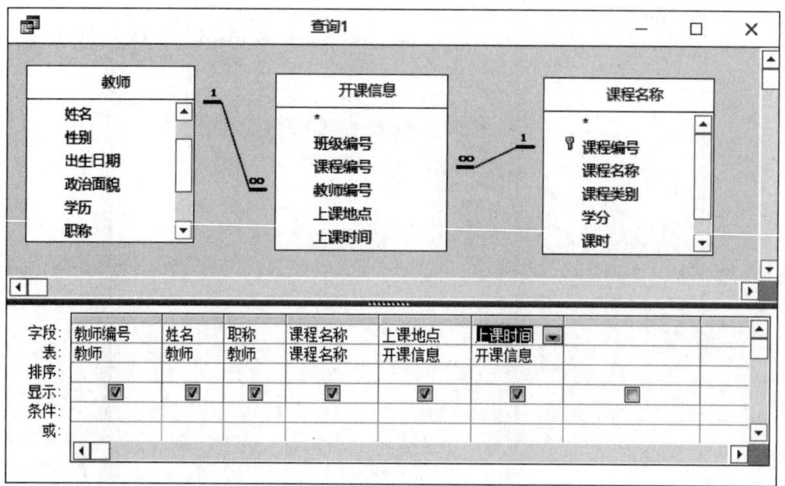

图 3.3　选择查询所需的字段

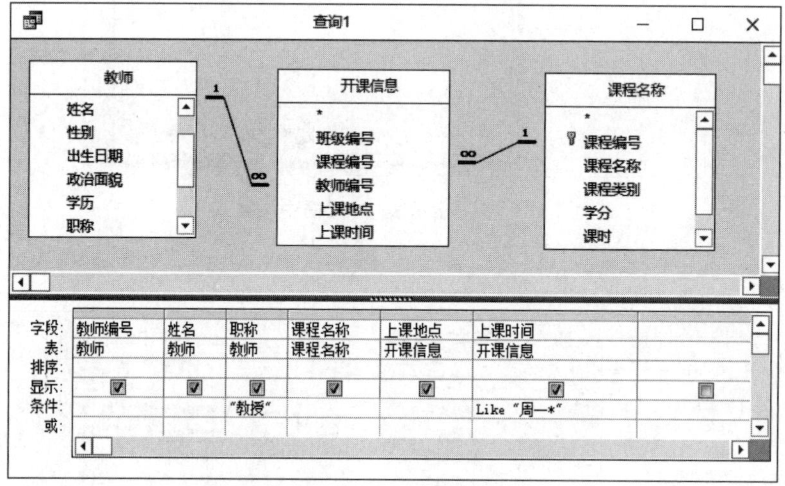

图 3.4　设置查询条件

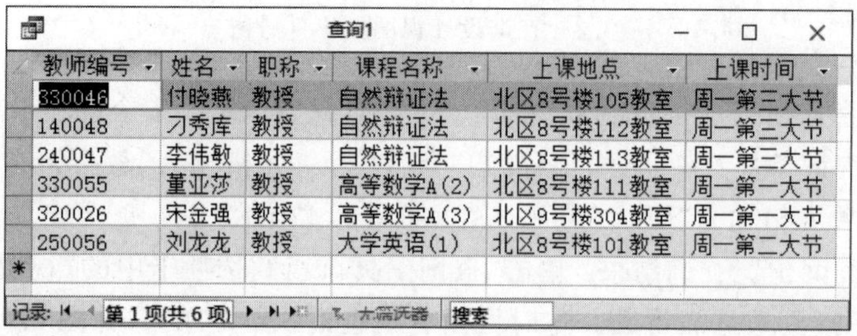

查询1

教师编号	姓名	职称	课程名称	上课地点	上课时间
330046	付晓燕	教授	自然辩证法	北区8号楼105教室	周一第三大节
140048	刁秀库	教授	自然辩证法	北区8号楼112教室	周一第三大节
240047	李伟敏	教授	自然辩证法	北区8号楼113教室	周一第三大节
330055	董亚莎	教授	高等数学A(2)	北区8号楼111教室	周一第一大节
320026	宋金强	教授	高等数学A(3)	北区9号楼304教室	周一第一大节
250056	刘龙龙	教授	大学英语(1)	北区8号楼101教室	周一第二大节

记录: 第 1 项(共 6 项)　无筛选器　搜索

图 3.5　“教授周一开课情况”查询结果

图 3.6　为查询对象命名并保存

实验 3-2　创建带计算字段的查询

1. 实验要求

创建名称为"2017 级选修课程考核情况"的查询。要求显示"学号""姓名""课程名称"和"考核等级"。其中"考核等级"字段为自定义字段。考试成绩大于等于 90 分，考核等级为优秀；考试成绩小于 60 分，考核等级为不合格；考试成绩 60～90 分为合格。

2. 实验步骤

(1) 打开"学生信息管理.accdb"数据库，单击"创建"选项卡"查询"组中的"查询设计"按钮，打开查询设计视图。

(2) 在"显示表"对话框中单击"表"选项卡，将"学生"表，"课程名称"表和"课程成绩"表添加到查询设计视图上半部分窗口中。

(3) 分别双击查询设计视图上半部分窗口"学生"表中的"学号"和"姓名"字段，"课程名称"表中的"课程名称"和"课程类别"字段，"课程成绩"表中的"考试成绩"字段，这 5 个字段依次显示在"字段"行上的第 1～5 列，同时"表"行显示出这些字段所在表的名称。

(4) 在查询设计网格的第 6 列的"字段"行中输入"考核等级: IIf([考试成绩]>=90,"优秀",IIf([考试成绩]>=60,"合格","不合格"))"，如图 3.7 所示。计算表达式也可以通过右击"字段"行单元格，选择"生成器"选项，在弹出的"表达式生成器"对话框中完成输入，如图 3.8 所示。

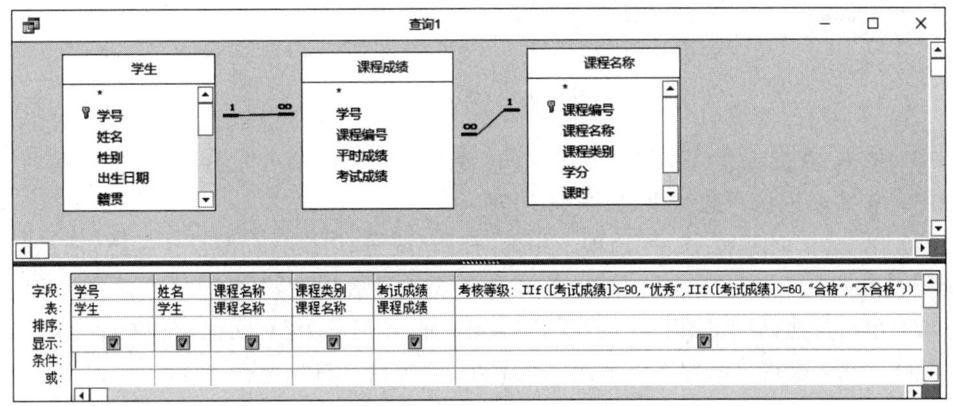

图 3.7　创建考核等级字段

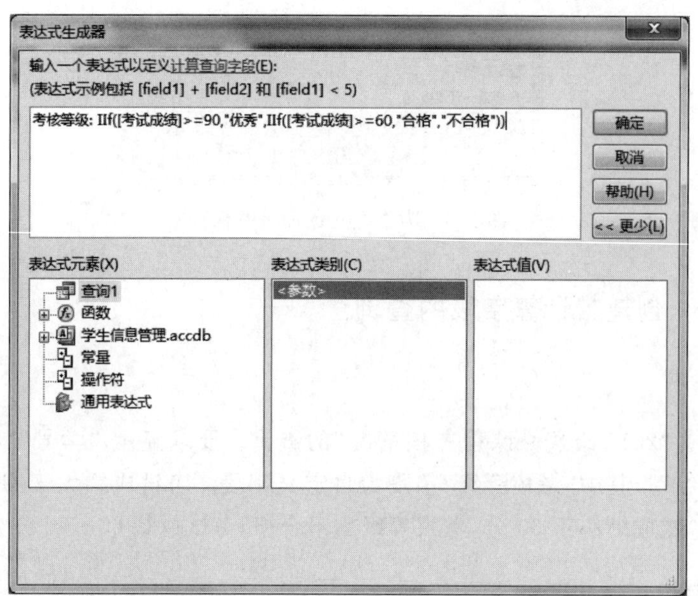

图 3.8 “表达式生成器”对话框

(5) 在“学号”字段列的“条件”行中输入条件“Like "2017 * "”，在“课程类别”列的“条件”行中输入“选修”，如图 3.9 所示。

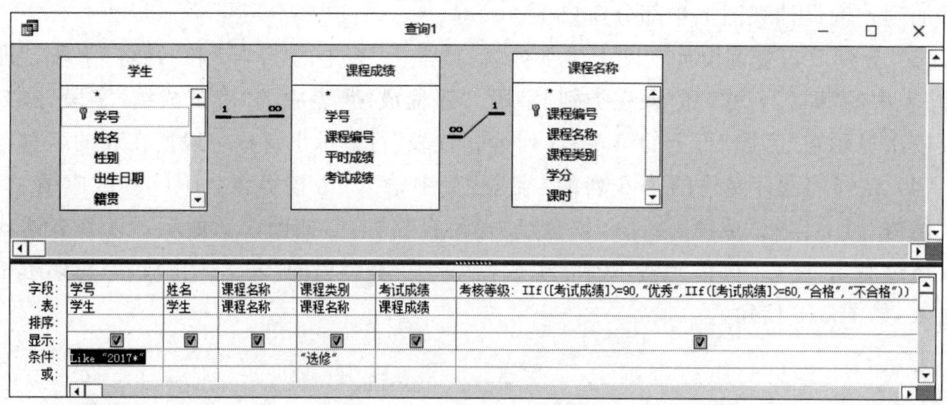

图 3.9 设置查询条件

(6) 单击“查询工具|设计”选项卡中的“视图”按钮，或单击“运行”按钮，切换到数据表视图。查看查询执行的结果，如图 3.10 所示。

(7) 单击“查询工具|设计”选项卡中的“视图”按钮，切换到查询设计视图，取消“课程类别”和“考试成绩”列显示行中的“√”，本例不要求显示“课程类别”和“考试成绩”列。

(8) 单击快速访问工具栏中的“保存”按钮，弹出“另存为”对话框，在“查询名称”文本框中输入“2017 级选修课程考核情况”，然后单击“确定”按钮，保存查询。

查询1

学号	姓名	课程名称	课程类别	考试成绩	考核等级
20174215704	杨媛媛	综合艺术	选修	81	合格
20174215713	罗雪梅	综合艺术	选修	97	优秀
20174215717	丛青山	综合艺术	选修	65	合格
20174215720	孙晓洋	综合艺术	选修	73	合格
20174215726	杨靓靓	综合艺术	选修	81	合格
20174215728	韩冰	综合艺术	选修	81	合格
20174215730	崔巍	综合艺术	选修	79	合格
20174215748	李婧	综合艺术	选修	99	优秀
20174215750	魏春蕾	综合艺术	选修	98	优秀
20174215754	谭逊	综合艺术	选修	73	合格
20174215768	夏振宇	综合艺术	选修	75	合格

记录: 第 1 项(共 11 项 搜索

图 3.10　查询结果

实验 3-3　创建分类统计查询

1. 实验要求

创建查询"两门以上不及格学生名单"。统计"考试成绩"有两门及以上不及格的学生的"学号""姓名"和"不及格课程数",查询结果如图 3.11 所示。

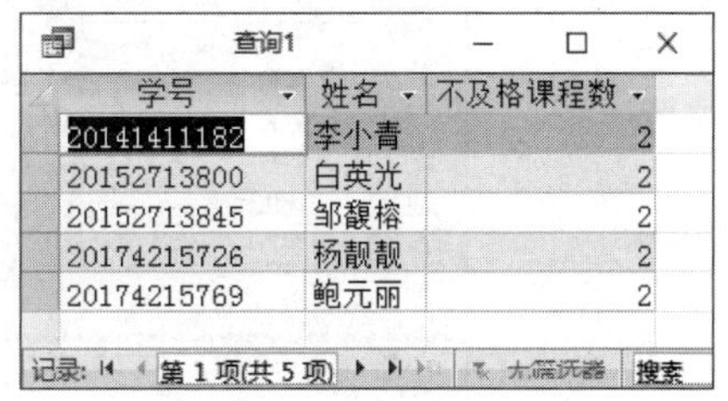

查询1

学号	姓名	不及格课程数
20141411182	李小青	2
20152713800	白英光	2
20152713845	邹馥榕	2
20174215726	杨靓靓	2
20174215769	鲍元丽	2

记录: 第 1 项(共 5 项) 搜索

图 3.11　两门以上不及格学生名单

2. 实验步骤

(1) 打开"学生信息管理.accdb"数据库,单击"创建"选项卡"查询"组中的"查询设计"按钮,打开查询设计视图。

(2) 在"显示表"对话框中单击"表"选项卡,将"学生"表,"课程名称"表和"课程成绩"表添加到查询设计视图上半部分窗口中。

(3) 分别双击查询设计视图上半部分窗口"学生"表中的"学号"和"姓名"字段,"课程成绩"表中的"课程编号"和"考试成绩"字段,这 4 个字段依次显示在"字段"行上的第 1 到 4 列中,同时"表"行显示出这些字段所在表的名称。

(4) 在查询设计视图的下半部窗格右击,在弹出的快捷菜单中选择"汇总"选项,这时在设计网格中插入一个"总计"行,并自动将"总计"行设置成 Group By。

(5) 单击"课程编号"字段的"总计"行,并单击其右侧的向下箭头按钮,然后从下拉列表中选择"计数"选项。单击"考试成绩"字段的"总计"行,并单击其右侧的向下箭头按钮,然后从下拉列表中选择 Where 选项。设计视图如图 3.12 所示。

(6) 在"考试成绩"字段的"条件"行输入"＜60",在"课程编号"字段的"条件"行输入"＞＝2",在"课程编号"字段的"字段"行单元格"课程编号"左边输入"不及格课程数:",如图 3.13 所示。

(7) 保存查询对象为"两门以上不及格学生名单"。

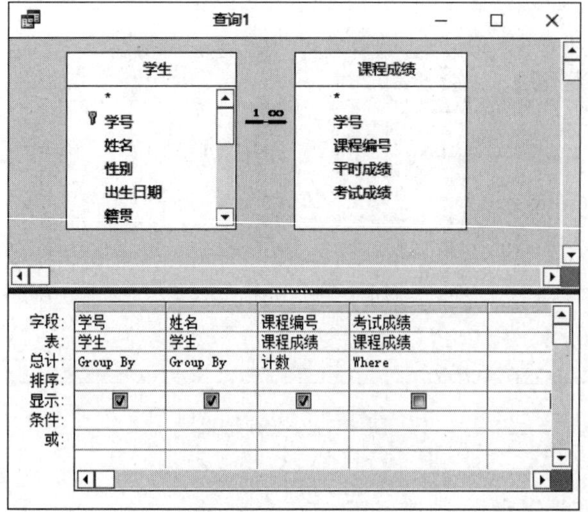

图 3.12　设置分组汇总

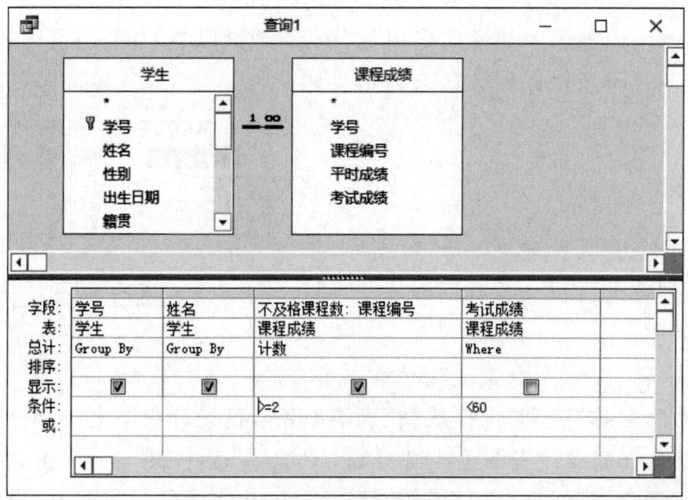

图 3.13　查询条件和改变列标题

3.1.3　实验练习

在“图书管理.accdb”数据库中，设计并实现如下操作。

(1) 创建“借阅情况表”查询，要求显示读者姓名、书籍名称、借书日期和还书日期。

(2) 创建“邮电大学出版社”查询，列出邮电大学出版社所有书籍的信息。

(3) 创建“VB 读者信息”查询，找出借阅 VB 语言程序设计的读者信息。

(4) 创建“未还书信息表”查询，要求列出读者姓名、部门、联系电话、书籍名称以及借书日期。

(5) 创建“无人借阅书籍”查询，找出没有读者借阅的书籍信息。

(6) 创建“书籍借阅数量”查询，统计不同书籍的借书人数。

(7) 创建“读者年龄”查询，显示读者姓名、性别、年龄、部门、联系电话。

(8) 创建“各部门平均年龄”查询，按部门统计读者的平均年龄。

(9) 创建名为“罚款金额”的查询，要求显示所有超期未还图书的读者姓名、书籍名称、借书日期，并添加计算字段“罚款”(以当前时间为准，借书时间超过 90 天的每天罚款 0.1 元)。

(10) 创建“书籍查询”，找出所有“邮电大学出版社”和“清华大学出版社”的书名中含有“程序设计”字样的书籍信息。

3.2 参数查询与交叉表查询

3.2.1 实验目的

(1) 掌握在查询设计视图中创建单参数查询和多参数查询的方法。

(2) 掌握使用查询向导和查询设计器创建交叉表查询的方法。

(3) 掌握在交叉表查询中运用参数查询的方法。

3.2.2 实验内容

实验 3-4 参数查询的创建

1. 实验要求

创建多参数查询“课程成绩查询”，根据用户输入的课程名称和分数段查找学生。运行查询时，依次显示提示信息“请输入课程名称”“请输入最低分”和“请输入最高分”，显示“学号”“姓名”“课程名称”和“考试成绩” 字段。

2. 实验步骤

(1) 单击“创建”选项卡“查询”组中的“查询设计”按钮，打开查询设计视图和“显示表”对话框，将“学生”表、“课程成绩”表和“课程名称”表添加到设计视图上半部分窗口中。

(2) 将“学生”表中的“学号”和“姓名”字段，“课程名称”表中的“课程名称”字段，以及“课程成绩”表中的“考试成绩”字段，拖放到“字段”行的第 1～4 列。

(3) 在“课程名称”字段的“条件”行单元格中输入“[请输入课程名称：]”。在“考试成绩”字段的“条件”行单元格中输入“Between [请输入最低分] And [请输入最高分]”，如图 3.14 所示。

(4) 单击“运行”按钮 或切换到数据表视图，弹出“输入参数值”第一个对话框，输入要查找的课程如“计算机文化基础”，如图 3.15 所示，然后单击“确定”按钮。接着弹出“输入参数值”第二个对话框，输入要查找的考试成绩的最低分如“90”，如图 3.16 所示，单击

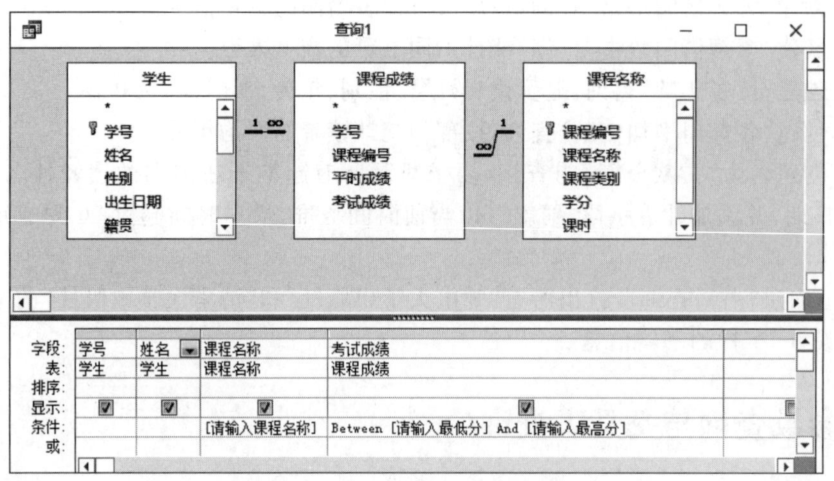

图 3.14　多参数查询设计视图

“确定”按钮。接着弹出“输入参数值”第三个对话框，输入要查找的考试成绩的最高分如“100”，如图 3.17 所示，单击“确定”按钮，查询结果如图 3.18 所示。

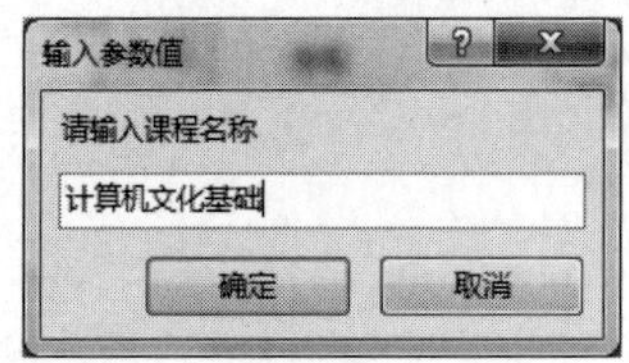

图 3.15　“输入参数值”对话框之一

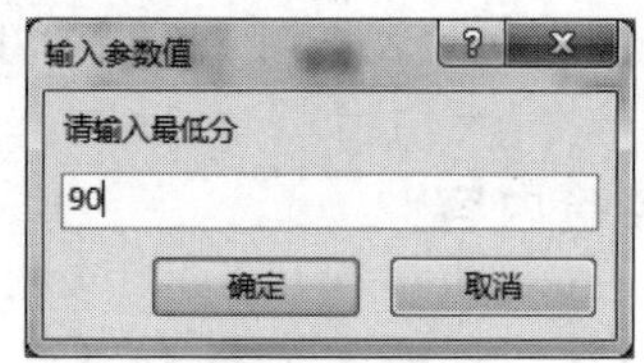

图 3.16　“输入参数值”对话框之二

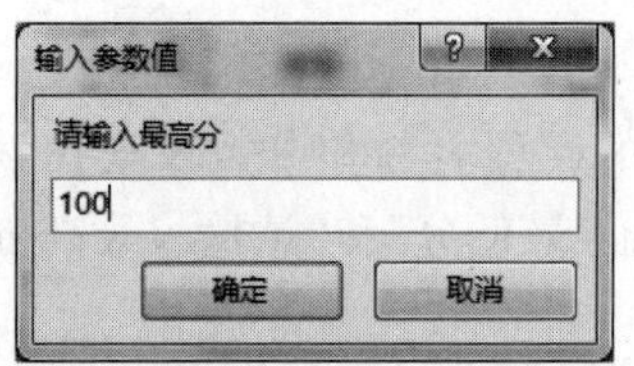

图 3.17　“输入参数值”对话框之三

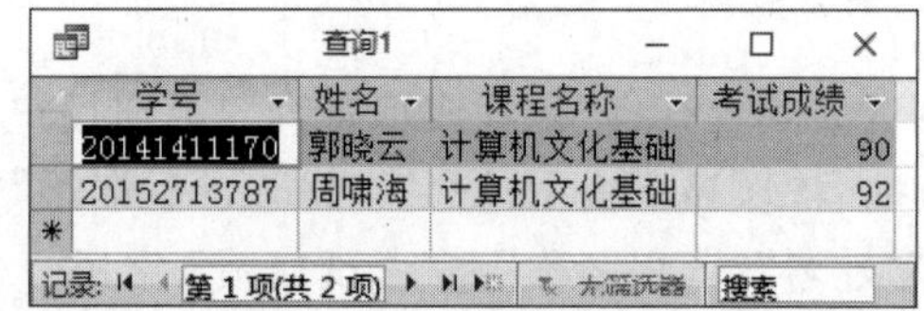

图 3.18　多参数查询结果

(5) 单击快速访问工具栏上的“保存”按钮，在弹出的“另存为”对话框的“查询名称”文本框中输入“课程成绩查询”，然后单击“确定”按钮，保存所建查询。

实验 3-5　使用查询设计器创建交叉表查询

1. 实验要求

使用设计视图创建交叉表查询“籍贯性别人数统计”，如图 3.19 所示。并为该交叉表查询设置查询参数“[请输入籍贯]”，根据输入的籍贯统计性别人数。

2. 实验步骤

(1) 创建查询，打开查询设计视图，并将“学生”表添加到设计视图的上半部窗口中。

(2) 分别双击“学号”“籍贯”和“性别”字段，将它们添加到设计网格中。

(3) 单击“查询工具|设计”选项卡“查询类型”组中的“交叉表”按钮，这时 Access 会在设计网格中插入“总计”行和“交叉表”行，并自动将“总计”行选项设置为 Group By。

(4) 单击“学号”字段“交叉表行”右侧的向下箭头，在打开的下拉列表中选择“值”选项；在“学号”字段“总计”行的下拉列表中选择“计数”选项；单击“籍贯”字段“交叉表行”右侧的向下箭头，在打开的下拉列表中选择“行标题”选项；单击“性别”字段“交叉表行”右侧的向下箭头，在打开的下拉列表中选择“列标题”选项，如图 3.20 所示。

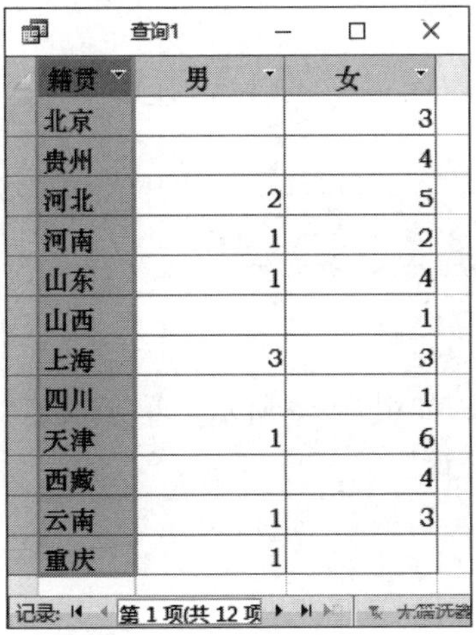

查询1
籍贯 男 女
北京 3
贵州 4
河北 2 5
河南 1 2
山东 1 4
山西 1
上海 3 3
四川 1
天津 1 6
西藏 4
云南 1 3
重庆 1
记录: 第 1 项(共 12 项

图 3.19 交叉表查询结果

查询1
学生
学号
姓名
性别
出生日期
籍贯
班级编号
字段: 学号 籍贯 性别
表: 学生 学生 学生
总计: 计数 Group By Group By
交叉表: 值 行标题 列标题
排序:
条件:

图 3.20 交叉表设计视图

(5) 运行查询，查看结果，如图 3.19 所示。

(6) 为该查询添加参数查询条件：切换到查询设计视图，在“籍贯”字段的条件行输入参数“[请输入籍贯]”，如图 3.21 所示。然后单击“查询工具|设计”选项卡下的“参数”按钮，打开“查询参数”对话框，在参数列输入“[请输入籍贯]”，在数据类型列中通过下拉列表选择“短文本”类型，如图 3.22 所示，单击“确定”按钮关闭参数对话框。

查询1
学生
学号
姓名
性别
出生日期
籍贯
班级编号
字段: 学号 籍贯 性别
表: 学生 学生 学生
总计: 计数 Group By Group By
交叉表: 值 行标题 列标题
排序:
条件: [请输入籍贯]
或:

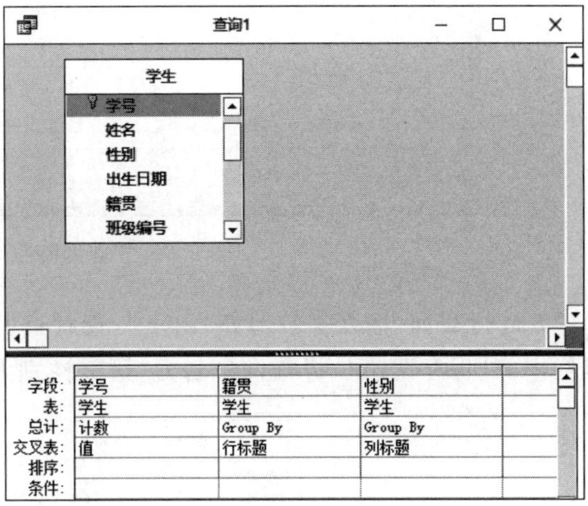

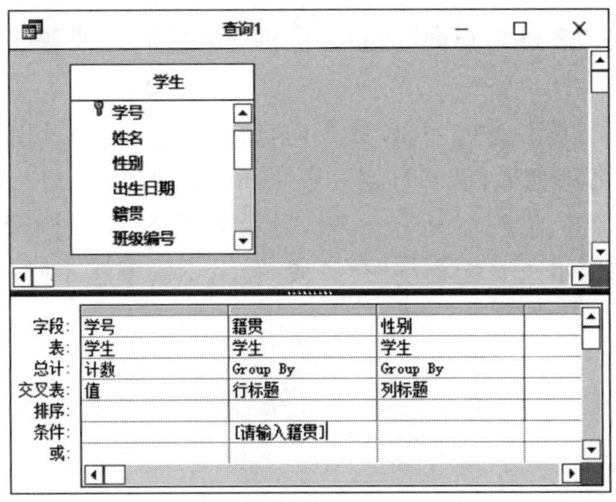

图 3.21 带参数的交叉表查询

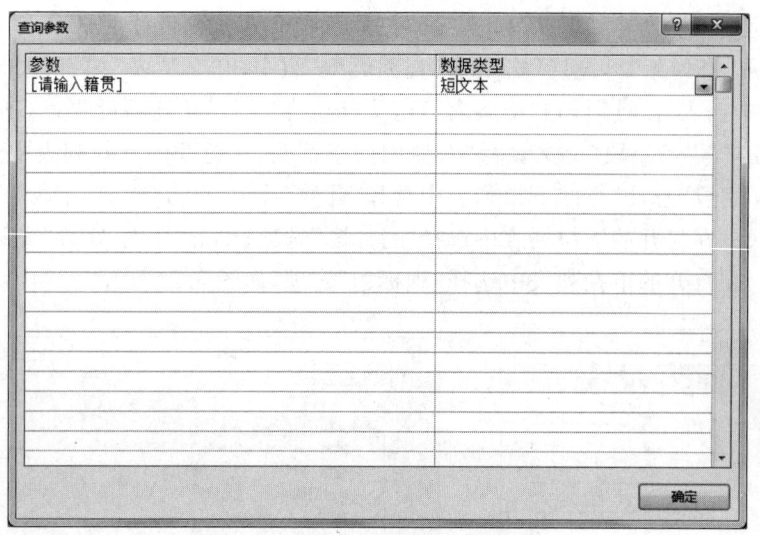

图 3.22 “查询参数”对话框

(7) 运行查询,输入参数值如“山东”,查看查询结果,如图 3.23 所示。单击快速访问工具栏中的“保存”按钮,将查询命名为“籍贯性别人数统计”。

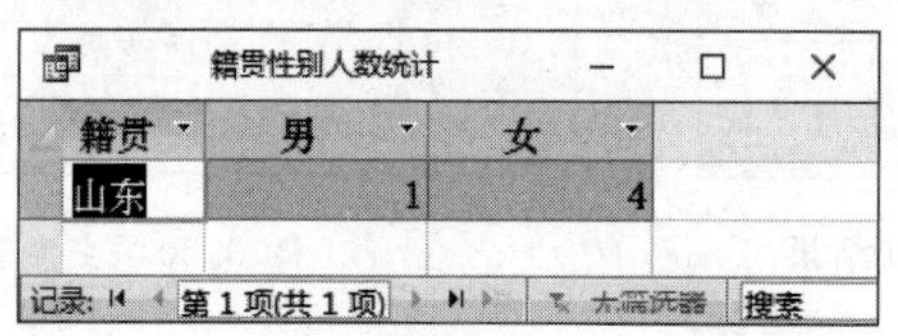

图 3.23 带参数的交叉表查询结果

3.2.3 实验练习

在“图书管理.accdb”数据库中,设计并实现如下操作。

(1) 创建一个“按读者姓名查询”的参数查询,通过输入“读者姓名”,查询得到该读者的借阅情况。

(2) 创建一个“借书日期查询”的参数查询,通过输入“借书日期上限”和“借书日期下限”来显示读者姓名、书籍名称、借书日期和还书日期。

(3) 生成一个“各部门借阅情况”交叉表,显示不同部门不同书籍借阅的读者人数。

(4) 生成一个“书籍借书日期查询”交叉表,显示不同书籍不同日期的借书数量。

3.3 操作查询

3.3.1 实验目的

(1) 理解各类操作查询的用途。

（2）掌握各类操作查询的创建方法。

（3）掌握在操作查询中使用参数和表达式。

（4）理解操作查询与其他类型查询在本质上的区别。

3.3.2 实验内容

实验 3-6 生成表查询的创建

1. 实验要求

以“学生信息管理.accdb”数据库中的“教师”表、“课程名称”表和“开课信息”表为数据源，利用生成表查询，创建一个“计算机基础课任课教师”表。具体要求如下。

（1）生成表中显示“计算机文化基础”课程的任课教师相关信息，并按“上课时间”升序排列。

（2）生成表中包含“教师编号”“姓名”“课程名称”“上课地点”和“上课时间”字段。

（3）保存查询对象名为“生成表查询”，生成表名为“计算机基础课任课教师”。

2. 实验步骤

（1）创建查询，打开查询设计视图，并将“教师”表、“课程名称”表和“开课信息”表添加到设计视图的上半部窗口中。

（2）分别双击“教师编号”“姓名”“课程名称”“上课地点”和“上课时间”字段，将它们添加到设计网格中。

（3）设置查询条件：在“课程名称”字段的条件单元格中输入“计算机文化基础”，在“上课时间”字段的排序单元格中选择“升序”，如图 3.24 所示。

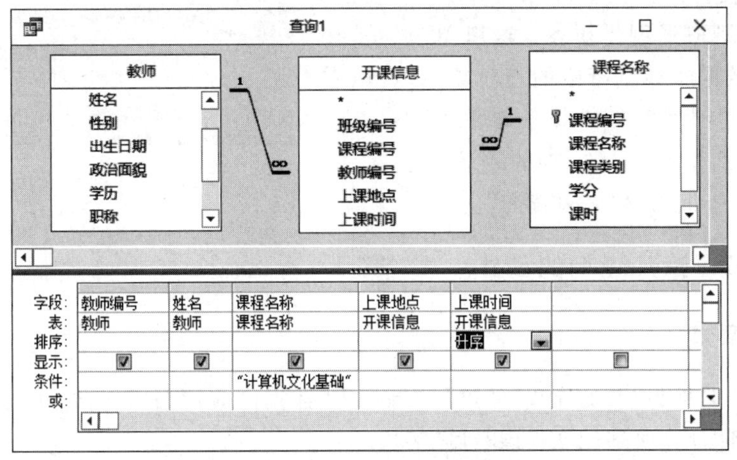

图 3.24 查询设计视图

（4）定义查询类型：单击“查询工具|设计”选项卡“查询类型”组中的“生成表”按钮，

弹出“生成表”对话框。在“表名称”文本框中输入表的名称为“计算机基础课任课教师”，如图 3.25 所示，然后单击“确定”按钮。

图 3.25 “生成表”对话框

(5) 切换到数据表视图，预览查询结果，如图 3.26 所示。

查询1

教师编号	姓名	课程名称	上课地点	上课时间
330014	李涛	计算机文化基	南区3号楼205教室	周四第一大节
280080	魏慧敏	计算机文化基	南区3号楼203教室	周四第一大节
230023	侯志深	计算机文化基	南区3号楼201教室	周四第一大节
330014	李涛	计算机文化基	南区3号楼211教室	周五第一大节
280080	魏慧敏	计算机文化基	南区3号楼209教室	周五第一大节
230023	侯志深	计算机文化基	南区3号楼207教室	周五第一大节

记录: 第 1 项(共 6 项) 无筛选器 搜索

图 3.26 生成表查询结果

(6) 生成新表：切换到设计视图，单击“查询工具|设计”选项卡“结果”组中的“运行”按钮，弹出如图 3.27 所示提示框。单击“是”按钮，Access 创建“计算机基础课任课教师”表；单击“否”按钮，则取消创建新表。这里单击“是”按钮。此时在数据库导航窗格的表对象下，可以看到自动生成的“计算机基础课任课教师”表，双击该表，可以看到和图 3.26 一样的结果。

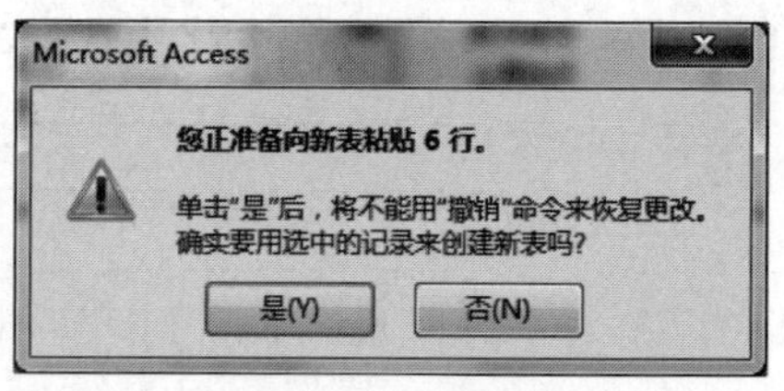

图 3.27 “生成表查询”提示框

(7) 保存查询为“生成表查询”。

实验 3-7 追加查询的创建

1. 实验要求

创建一个名称为“追加课程”的追加查询，将“数据库应用技术”课程的任课教师的相关信息追加到“计算机基础课任课教师”表中。

2. 实验步骤

(1) 打开查询设计视图，并将“教师”表、“课程名称”表和“开课信息”表添加到设计视图的上半部窗口中。

(2) 分别双击“教师编号”“姓名”“课程名称”“上课地点”和“上课时间”字段，将它们添加到设计网格中。

(3) 设置查询条件：在“课程名称”字段的条件单元格中输入“数据库应用技术”，如图 3.28 所示。

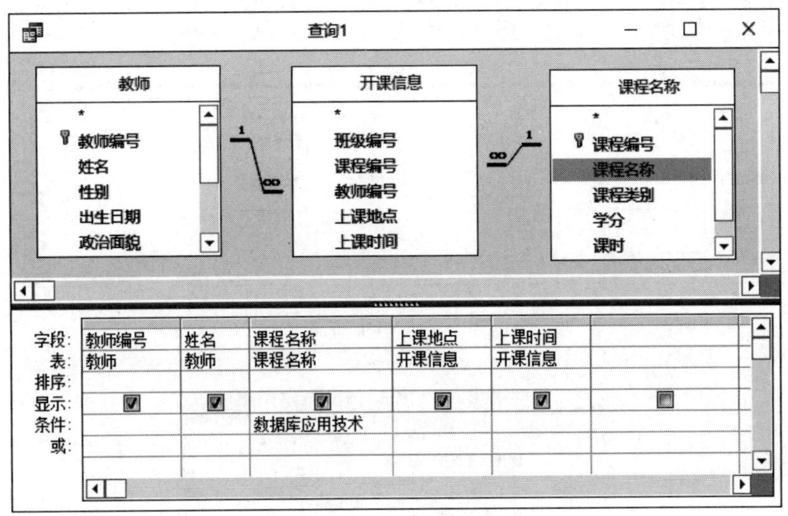

图 3.28 查询设计视图

(4) 单击“查询工具|设计”选项卡“查询类型”组中的“追加”按钮，此时会出现“追加”对话框，如图 3.29 所示，在“表名称”文本框中输入表的名称，或者从下拉列表中选择“计算机基础课任课教师”。单击“确定”按钮，此时查询设计网格中会出现“追加到”行，如图 3.30 所示。

图 3.29 “追加”对话框

(5) 切换到数据表视图，预览要追加的记录。

(6) 切换到设计视图，单击“查询工具|设计”选项卡“结果”组中的“运行”按钮，这时会弹出一个提示框，如图 3.31 所示。单击“是”按钮，将符合条件的一组记录追加到指定的表中；单击“否”按钮，记录不进行追加。这里单击“是”按钮。

(7) 保存查询对象为“追加课程”。

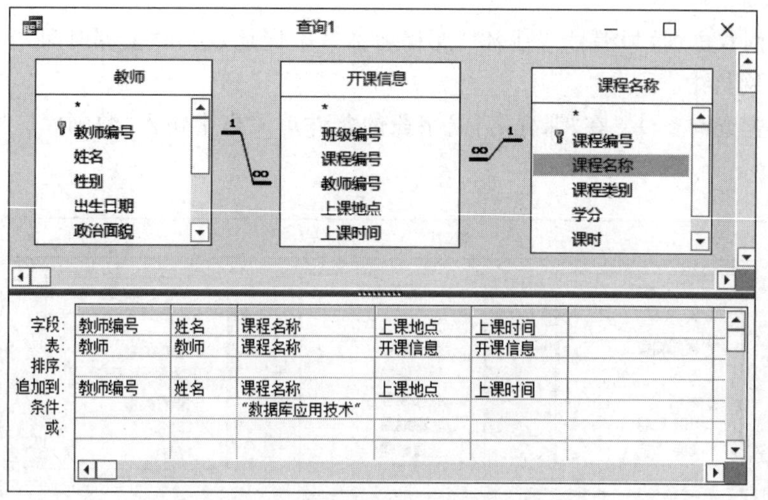

图 3.30　追加查询

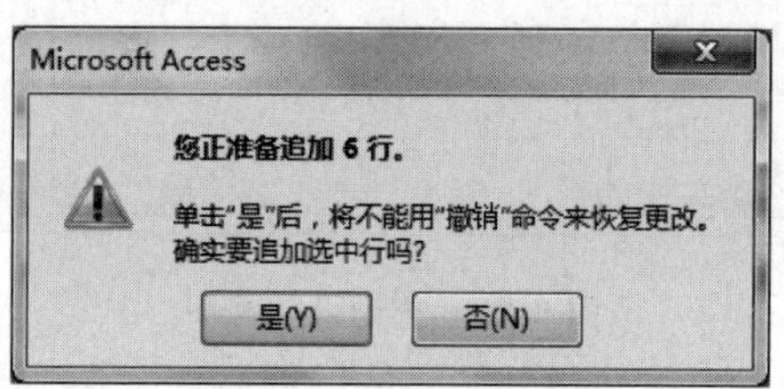

图 3.31　追加提示框

实验 3-8　更新查询的创建

1. 实验要求

创建名为"更新政治面貌"的更新查询，将"教师"表中空白的政治面貌替换为"群众"。

2. 实验步骤

(1) 创建查询，把"教师"表添加到查询设计视图中。

(2) 将"教师"表中的"政治面貌"字段拖到查询设计视图设计网格的字段行中。

(3) 单击"查询工具|设计"选项卡"查询类型"组中的"更新查询"按钮。这时查询设计网格中显示一个"更新到"行。

(4) 在"政治面貌"字段的"条件"行单元格中输入"Is Null"，在"政治面貌"字段的"更新到"行单元格中输入""群众""，如图 3.32 所示。

(5) 切换到数据表视图，预览查询结果。

(6) 切换到设计视图，单击"查询工具|设计"选项卡"结果"组中的"运行"按钮，这时会弹出一个提示框，如图 3.33 所示，单击"是"按钮，将更新符合查询条件的所有记录；单击"否"按钮，不更新记录。这里单击"是"按钮。

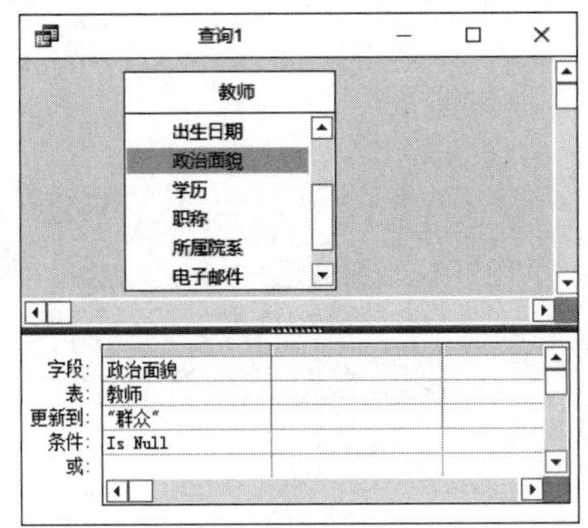

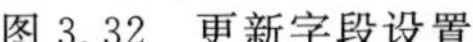
图 3.32　更新字段设置

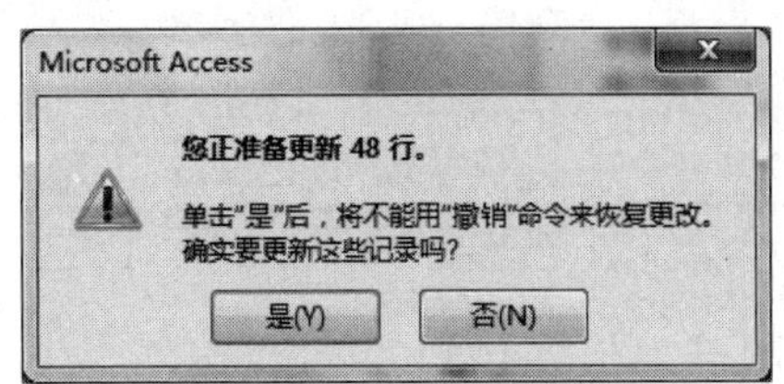

图 3.33　更新记录提示框

此时在数据库导航窗格的“表”对象中，双击“教师”表，原先政治面貌空白的单元格自动更新成了群众。

(7) 保存查询对象为“更新政治面貌”。

实验 3-9　删除查询的创建

1. 实验要求

创建删除查询“删除无照片教师”，删除“教师”表中没有照片的教师。

由于删除查询要直接删除原来数据表中的记录，为保险起见，本题中建立删除查询之前先将教师表进行备份，指定备份表名为“教师备份”，删除操作对“教师备份”表进行。

2. 实验步骤

(1) 创建查询，打开查询设计视图，添加“教师备份”表到查询设计视图中。

(2) 定义查询类型：单击“查询工具|设计”选项卡“查询类型”组中的“删除表”按钮，这时查询设计网格中显示一个“删除”行，取代了原来的“显示”和“排序”行。

(3) 选择所有字段作为查询字段：单击“教师备份”字段列表中的“ * ”号，将其拖动到设计网格中“字段”行的第 1 列上，在字段的“删除”单元格中显示“From”，它表示从何处删除记录。

(4) 输入要删除的记录条件：双击“教师备份”表字段列表中的“照片”字段，将“照片”字段添加到设计网格中。同时在该字段的“删除”行单元格中显示“Where”，它表示要删除哪些记录。在“照片”字段的“条件”行单元格中输入准则“Is Null”，设置结果如图 3.34 所示。

(5) 切换到数据表视图，预览查询结果。如果预览的记录不是要删除的，可以再次返回设计视图，对查询进行修改。

(6) 执行删除记录操作：切换到设计视图，单击“查询工具|设计”选项卡“结果”组中的“运行”按钮，弹出如图 3.35 所示提示框，单击“是”按钮，将删除符合查询条件的所有记录；单击“否”按钮，不删除记录。此处单击“是”按钮。

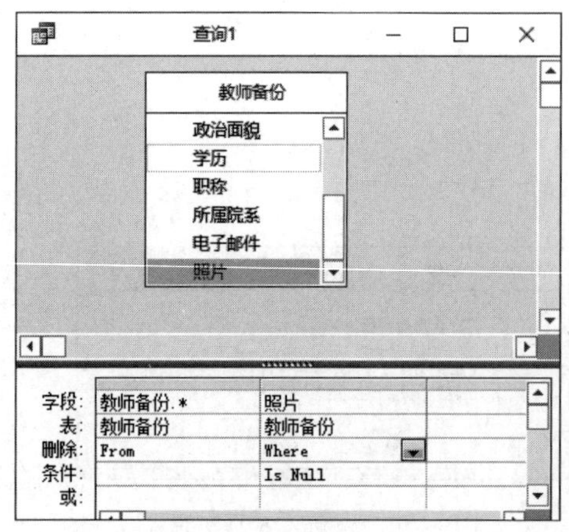

图 3.34 设置删除查询

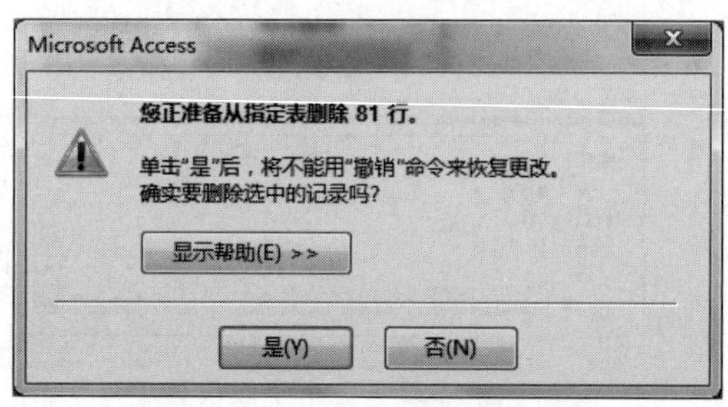

图 3.35 删除提示框

(7) 保存查询对象为“删除无照片教师”。

3.3.3 实验练习

在“图书管理.accdb”数据库中，设计并实现如下操作。

(1) 生成一个“读者信息表 1”，按性别升序的格式保存“信息学院”所有读者的信息。

(2) 将不属于信息学院的读者信息追加到“读者信息表 1”中。

(3) 将“书籍信息表”中书籍数量统一增加 10 本。

(4) 创建一个删除查询，删除“借阅信息表”表中已经还书的借阅信息。

(5) 创建一个更新查询，将出版社为“中国水利水电出版社”的所有图书单价提高 10%。

3.4 SQL 查询

3.4.1 实验目的

(1) 掌握 SQL 语言的使用方法。

(2) 理解 SQL 查询语句的含义，利用 SQL 语句实现相关的操作。

(3) 能够独立写出一些较复杂的 SQL 语句。

(4) 熟练掌握在 SQL 视图中创建 SQL 查询和修改查询的方法。

3.4.2 实验内容

实验 3-10 SQL 的数据定义查询

1. 实验要求

在“学生信息管理.accdb”数据库中，用 SQL 语句完成以下查询。

(1) 创建一个“员工信息”表，字段包括“工号”“姓名”“出生日期”和“婚否”。
(2) 为“员工信息”表增加一个新字段“性别”。
(3) 修改“员工信息”表“姓名”字段的字段大小为8。
(4) 删除“员工信息”表的“性别”字段。
(5) 删除“员工信息”表。

2. 实验步骤

(1) 新建查询，在SQL视图中输入以下语句。

```
CREATE TABLE 员工信息(工号 TEXT(10),姓名 TEXT(8),出生日期 DATE,婚否 LOGICAL)
```

(2) 新建查询，在SQL视图中输入以下语句。

```
ALTER TABLE 员工信息 ADD 性别 TEXT(1)
```

(3) 新建查询，在SQL视图中输入以下语句。

```
ALTER TABLE 员工信息 ALTER 姓名 TEXT(8)
```

(4) 新建查询，在SQL视图中输入以下语句。

```
ALTER TABLE 员工信息 DROP 性别
```

(5) 新建查询，在SQL视图中输入以下语句。

```
DROP TABLE 员工信息
```

实验3-11 SQL的数据操纵查询

1. 实验要求

在“学生信息管理.accdb”数据库中，用SQL语句完成如下查询。
(1) 向“教师”表中插入一条记录。
(2) 将“教师”表中教师编号是“111001”的教师的编号更改为“111011”，性别更改为“男”。
(3) 删除“教师”表中教师编号为“111011”的记录。

2. 实验步骤

(1) 新建查询，在SQL视图中输入以下语句。

```
INSERT INTO 教师(教师编号,姓名,性别,出生日期) VALUES("111001","王林" , "男",
#1996/6/6#)
```

(2) 新建查询，在SQL视图中输入以下语句。

```
UPDATE 教师 SET 教师编号="111011",性别="男" WHERE 教师编号="111001"
```

(3) 新建查询，在SQL视图中输入以下语句。

```
DELETE FROM 教师 WHERE 教师编号="111011"
```

实验 3-12　SQL 的 SELECT 语句查询

1. 实验要求

在"学生信息管理.accdb"数据库中，用 SELECT 语句完成以下查询。

(1) 查找 1970 年以后出生的"研究生""教授"信息，显示"姓名""性别""出生日期""学历"和"职称"，并按"出生日期"升序排序。

(2) 查找职称为"教授"的教师的"教师编号""姓名""性别""年龄"和"职称"。

(3) 统计"考试成绩"有两门及以上不及格的学生的"学号""姓名"和"不及格课程数"。

(4) 查找数据库应用技术课程考试成绩高于本门课平均成绩的学生的学号、姓名、课程名称和考试成绩。

2. 实验步骤

(1) 新建查询，在 SQL 视图中输入以下语句。

```
SELECT 姓名, 性别, 出生日期, 学历, 职称 FROM 教师
WHERE 出生日期>=#1970/1/1#AND 学历="研究生" AND 职称="教授"
ORDER BY 出生日期
```

(2) 新建查询，在 SQL 视图中输入以下语句。

```
SELECT 教师编号, 姓名, 性别, Year(Date())-Year(出生日期) AS 年龄, 职称
FROM 教师 WHERE 职称="教授"
```

(3) 新建查询，在 SQL 视图中输入以下语句。

```
SELECT 学生.学号,姓名, Count(课程编号) AS 不及格课程数
FROM 学生 INNER JOIN 课程成绩 ON 学生.学号 =课程成绩.学号
WHERE 考试成绩<60 GROUP BY 学生.学号,姓名 HAVING Count(课程编号)>=2
```

(4) 新建查询，在 SQL 视图中输入以下语句。

```
SELECT 学生.学号,姓名,课程名称,考试成绩
FROM 学生 INNER JOIN (课程名称 INNER JOIN 课程成绩 ON 课程名称.课程编号 =课程成绩.课
程编号) ON 学生.学号 =课程成绩.学号
WHERE (课程名称="数据库应用技术" AND 考试成绩>(select avg(考试成绩) from 课程名称
INNER JOIN 课程成绩 ON 课程名称.课程编号=课程成绩.课程编号 WHERE 课程名称="数据库应
用技术"))
```

3.4.3　实验练习

根据"图书管理.accdb"数据库中的"读者""图书"和"借书登记"3 个表，使用 SQL 语

句完成如下查询。

(1) 从"读者"表中查找"法律系"读者的所有信息。

(2) 从"借书登记"表中查找尚未归还的图书的书号、借书证号和借书日期。

(3) 从"借书登记"表中查询每本书每次借出的天数。

(4) 从"借书登记"表中查询每本书的借阅次数。

(5) 从"图书"表中查找各出版社图书的价格总计,并按价格降序输出。

(6) 查询所有借过书的读者姓名和借书日期。

(7) 查询所有借阅了"红楼梦"的读者的姓名和借书证号。

(8) 查询至今没有人借阅的图书的书名和出版社。

3.5 习题

一、单项选择题

1. 以下关于选择查询叙述错误的是( )。

A. 根据查询准则,从一个或多个表中获取数据并显示结果

B. 可以对记录进行分组

C. 可以对查询记录进行总计、计数和平均等计算

D. 查询的结果是一组数据的"静态集"

2. 如果经常要从几个表中提取数据,最好的查询方法是( )。

A. 操作查询　　B. 用生成表查询　　C. 参数查询　　D. 选择查询

3. 从字符串 S("abcdefg")中返回子串 B("cd")的正确表达式为( )。

A. Mid(S,3,2)　　B. Right(Left(S,4),2)

C. Left(Right(S,5),2)　　D. 以上都可以

4. 假设某数据库表中有一个工作时间字段,查找 1992 年参加工作的职工记录的查询准则是( )。

A. Between #92-01-01# And #92-12-31#

B. Between "92-01-01" And "92-12-31"

C. Between "92.01.01" And "92.12.31"

D. #92.01.01# And #92.12.31#

5. 假设某数据库表中有一个课程名字段,查找课程名称以"计算机"开头的记录的查询准则是( )。

A. like "计算机"　　B. 计算机

C. left([课程名称],3)="计算机"　　D. 以上都对

6. 对于交叉表查询时,用户只能指定( )个总计类型的字段。

A. 1　　B. 2　　C. 3　　D. 4

7. 通配符"*"可以( )。

A. 匹配零或多个字符　　B. 匹配任何一个字符

C. 匹配一个数字　　　　　　　　　　D. 匹配空值

8. 通配符“#”可以(　　)。

A. 匹配零或多个字符　　　　　　　　B. 匹配任何一个字符

C. 匹配一个数字　　　　　　　　　　D. 匹配空值

9. 操作查询包括(　　)。

A. 生成表查询、更新查询、删除查询和交叉表查询

B. 生成表查询、删除查询、更新查询和追加查询

C. 选择查询、普通查询、更新查询和追加查询

D. 选择查询、参数查询、更新查询和生成表查询

10. 除了从表中选择数据外,还可以对表中数据进行修改的查询是(　　)。

A. 选择查询　　B. 参数查询　　C. 操作查询　　D. 生成表查询

11. 在 Access 中,从表中访问数据的速度与从查询中访问数据的速度相比(　　)。

A. 要快　　B. 相等　　C. 要慢　　D. 无法比较

12. 关于删除查询,下面叙述正确的是(　　)。

A. 每次操作只能删除一条记录

B. 每次只能删除单个表中的记录

C. 删除过的记录只能用“撤销”命令恢复

D. 每次删除整个记录,并非是指定字段中的记录

13. Access 支持的查询类型有(　　)。

A. 选择查询、交叉表查询、参数查询、SQL 查询和操作查询

B. 基本查询、选择查询、参数查询、SQL 查询和操作查询

C. 多表查询、单表查询、交叉表查询、参数查询和操作查询

D. 选择查询、统计查询、参数查询、SQL 查询和操作查询

14. 下面显示的是查询设计视图的“设计网格”部分:

字段:	姓名	性别	工作时间	系别
表:	教师	教师	教师	教师
排序:				
显示:	☑	☑	☑	☑
条件:		"女"	Year([工作时间])<1980	
或:				

从所显示的内容中可以判断该查询要查找的是(　　)。

A. 性别为“女”并在 1980 年以前参加工作的记录

B. 性别为“女”并在 1980 年以后参加工作的记录

C. 性别为“女”或者 1980 年以前参加工作的记录

D. 性别为“女”或者 1980 年以后参加工作的记录

15. 在 SQL 查询中使用 WHERE 子句指出的是(　　)。

A. 查询目标　　B. 查询结果　　C. 查询视图　　D. 查询条件

16. 在 Access 中已建立了“学生”表,表中有“学号”“姓名”“性别”和“入学成绩”等字段。执行如下 SQL 命令:

SELECT 性别,AVG(入学成绩) FROM 学生 GROUP BY 性别

其结果是(　　)。

A. 计算并显示所有学生的性别和入学成绩的平均值

B. 按性别分组计算并显示性别和入学成绩的平均值

C. 计算并显示所有学生的入学成绩的平均值

D. 按性别分组计算并显示所有学生的入学成绩的平均值

17. 下列“从支出表中查询金额大于50元的记录”的SQL语句是(　　)。

A. SELECT　* FROM 支出表

B. SELECT　* FROM 支出表　金额>50

C. SELECT　* FROM 支出表　WHERE 金额>50

D. SELECT　金额 FROM 支出表 50

18. 在Access中,用于更新查询的SQL语句是(　　)。

A. SELECT　　B. INSERT　　C. DELETE　　D. UPDATE

19. 若要查询某字段的值为“JSJ”的记录,在查询设计视图对应字段的准则中,错误的表达式是(　　)。

A. JSJ　　B. “JSJ”　　C. “*JSJ”　　D. Like “JSJ”

20. 下面显示的是查询设计视图的设计网格部分,从下图所示的内容中,可以判断要创建的查询是(　　)。

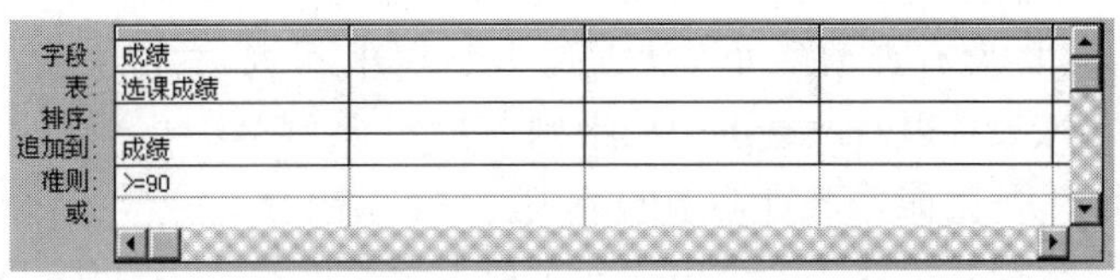

A. 删除查询　　B. 追加查询　　C. 生成表查询　　D. 更新查询

21. 假设有一个名为“教师人数”的查询,如果要统计表中各类职称的教师人数,可以在查询中用“职称”和“姓名之Count”,来显示结果,若要新添一个“人数”字段来代替字段“姓名之Count”,需在“字段”行中输入(　　)。

A. 人数:[教师人数]![姓名之Count]

B. 人数:([教师人数]![姓名之Count])

C. 人数:([姓名之Count])

D. 以上都不对

22. 创建单参数查询时,在“设计网格”区中输入“准则”单元格的内容即为(　　)。

A. 查询字段的字段名　　B. 用户任意指定的内容

C. 查询的条件　　D. 参数对话框中的提示文本

23. 如果在一个已建的查询中创建参数查询,执行“保存”命令后,原查询将(　　)。

A. 保留　　B. 被新建的参数查询内容所替换

C. 自动更名　　D. 替换新建的参数查询

24. 下列查询中,(　　)的结果不是动态集合,而是执行指定的操作,如增加、修改、

删除记录等。

A. 选择　　B. 交叉　　C. 操作　　D. 参数

25. 关于操作查询，下列说法不正确的是(　　)。

A. 如果用户经常要从几个表中提取数据，最好的方法是使用 Access 提供的生成表查询，即从多个表中提取数据组合起来生成一个新表永久保存

B. 使用 Access 提供的删除查询一次可以删除一组同类的记录

C. 在执行操作查询之前，最好单击工具栏上的“视图”按钮，预览即将更改的记录

D. 在使用操作查询前，不用进行数据备份

26. 删除查询可以从单个表中删除记录，也可以从多个相互关联的表中删除记录。如果要从多个表中删除相关记录，必须满足 3 个条件，下列不符合的选项是(　　)。

A. 在“关系”窗口中定义相关表之间的关系

B. 在“关系”对话框中选中“级联删除相关记录”复选框

C. 在“关系”对话框中选中“实施参照性完整性”复选框

D. 在“关系”对话框中选中“实体的完整性”复选框

27. 如果只删除指定字段中的数据，可以使用(　　)查询将该值改为空值。

A. 删除　　B. 更新　　C. 生成表　　D. 追加

28. 关于 SQL 查询，下列说法不正确的是(　　)。

A. SQL 查询是用户使用 SQL 语句直接创建的一种查询

B. Access 的所有查询都可以认为是一个 SQL 查询

C. 应用 SQL 可以修改查询中的准则

D. 使用 SQL 不能修改查询中的准则

29. (　　)是根据一个或多个表中的一个或多个字段并使用表达式建立的新字段。

A. 总计　　B. 计算字段　　C. 查询　　D. 添加字段

30. 如果使用向导创建交叉表查询的数据源来自多个表，可以先建立一个(　　)，然后将其作为数据源。

A. 表　　B. 虚表　　C. 查询　　D. 动态集

31. 关于传递查询，下面说法错误的是(　　)。

A. Access 传递查询是自己并不执行而传递给另一个数据库来执行的查询

B. 可直接将命令发送到 ODBC 数据库服务器中

C. 必须与服务器上的表链接，才能使用相应的表

D. 应用传递查询的主要目的是为了减少网络负荷

32. 特殊运算符“Is Null”用于指定一个字段为(　　)。

A. 空值　　B. 空字符串　　C. 缺省值　　D. 特殊值

33. SQL 语句中的 DROP 关键字的功能是(　　)。

A. 创建表　　B. 在表中增加新字段

C. 从数据库中删除表　　D. 删除表中记录

34. 创建“学生(ID,姓名,性别,出生)”表(ID 为关键字段)的正确 SQL 语句是(　　)。

A. CREAT TABLE 学生([ID] integer;[姓名] text;[出生] date, CONSTRAINT [indexl] PRIMARY KEY([ID]))

B. CREAT TABLE 学生([ID] integer,[姓名] text,[出生] date, CONSTRAINT [indexl] PRIMARY KEY([ID]))

C. CREAT TABLE 学生([ID, integer],[姓名 text],[出生, date], CONSTRAINT [indexl] PRIMARY KEY([ID]))

D. CREAT TABLE 学生([ID, integer];[姓名 text];[出生, date], CONSTRAINT [indexl] PRIMARY KEY([ID]))

35. 以下关于查询的叙述正确的是(　　)。

A. 只能根据数据库表创建查询

B. 只能根据已建查询创建查询

C. 可以根据数据库表和已建查询创建查询

D. 不能根据已建查询创建查询

36. 在创建传递查询视图中,不属于“ODBC连接字符串”属性设置框中的选项的是(　　)。

A. 返回记录　　B. 日志消息　　C. 链接于字段　　D. 链接关键字

37. 在Access数据库中已建立了“took”表,若查找“图书编号”是“112266”和“113388”的记录,应在查询“设计”视图中的条件行中输入(　　)。

A. “112266” AND “113388”　　B. NOT IN (“112266”,“113388”)

C. IN(“112266”,“113388”)　　D. NOT(“112266”,“113388”)

38. 须和HAVING配对使用的是(　　)。

A. ORDER BY　　B. GROUP BY　　C. INNER JOIN　　D. DESC

39. 以下属于SQL特定查询的是(　　)。

A. 联接查询　　B. 传递查询　　C. 子查询　　D. 选择查询

40. 创建一个交叉表查询,在“交叉表”行上有且只能有一个的是(　　)。

A. 行标题和值　　B. 列标题和值

C. 行标题和列标题　　D. 行标题、列标题和值

41. 创建交叉表查询时,行标题最多可以选择(　　)个字段。

A. 1个　　B. 2个　　C. 3个　　D. 多个

42. 创建交叉表查询时,列标题最多可以选择(　　)个字段。

A. 1个　　B. 2个　　C. 3个　　D. 多个

二、填空题

1. 在Access中,________查询的运行一定会导致数据表中数据的变化。

2. 若要获得今天的日期,可使用________函数;若要获得当前的日期及时间,可使用________函数。

3. 在设置查询的“准则”时,可以直接输入表达式,也可以使用表达式________来帮助创建表达式。

4. 要确定“库存量”乘以“单价”的平均值是否大于等于￥500 且小于等于￥1000，可输入________。

5. 如果需要运行选择或交叉表查询，则只需双击该查询，Access 就会自动运行或执行该查询，并在________视图中显示结果。

6. 如果需要运行操作查询，则先在设计视图中将其打开，对于每个操作查询，会有不同的显示：________显示包括在新表中的字段；________显示添加到另一个表中的记录。

7. 操作查询与选择查询的相同之处在于二者都是由用户指定查找记录的条件，但不同之处在于选择查询是检查符合条件的一组记录，而操作查询是________等操作。

8. 在查询中，根据查询的数据源数量，将查询分为________和________。

9. 如果查询的结果中还需要显示某些另外的字段的内容，用户可以在查询的________视图中加入某些查询的字段。

10. 在查询中还可以使用几种通配符号，“________”表示任意多个任意字符；“________”表示一个任意字符；“#”表示一个任意数字；“[]”表示检验字符的范围。

11. 通配符与 Like 运算符合并起来，可以大大扩展查询范围：

(1) ________表示以 m 开头的名字。

(2) ________表示以 m 结尾的名字。

(3) ________表示名字中包含有 m 字母。

(4) ________表示名字中的第 1 个字母为 F～H 字母。

(5) ________表示第 2 个字母为 m。

12. 在创建查询时，有些实际需要的内容（字段）在数据源的字段中并不存在，但可以通过在查询中增加________来完成。

13. “应还日期”字段为“借出书籍”表中的一个字段，类型为日期/时间型，则查找“书籍的超期天数”应该使用的表达式是________。

14. 以“图书馆管理系统”为例，当读者从图书馆借出一本书之后（在“借出书籍”表中新增加一条记录），此时就可以运行________来将“书籍”表中该书的“已借本数”字段值进行改变。

15. 利用________可以确定在表中是否有重复的记录，或记录在表中是否共享相同的值。

16. 建立查询的方法有两种，分别是________和________。

17. 在总计计算时，要指定某列的平均值，应输入________；要指定某列中值的一半，应输入________。

18. 在通讯录表中，查找没有联系电话的记录时，用________作为准则表达式。

19. 数值函数 Abs(数值表达式)返回数值表达式值的________。

20. 如果一个查询的数据源仍是查询，而不是表，则该查询称为________。

21. 从学生成绩表“SC”表中查询“数学”成绩大于平均分的“学号”及“数学”成绩的 SQL 语句为________________________。

三、简答题

1. 什么是查询？
2. 查询有哪些视图方式？各有何特点？
3. 筛选和查询的区别是什么？
4. 在设计查询时，什么情况下需要分组？分组的作用是什么？
5. 在查询中只保存查询请求而不保存查询结果的好处是什么？
6. 什么情况下需要设置自定义查询字段？在什么栏输入自定义查询字段的表达式？
7. 根据要求设计SQL语句。

(1) 将“学生成绩管理.accdb”数据库中的“课程”表增加一些课程信息，然后按“类别”对“课程”表进行分组，查询每种类别的课程数。

(2) 查出没有安排课程的教师的编号、姓名、所属专业并按编号升序排序。

(3) 删除没有设置班级的专业记录。

3.6 参考答案

一、单项选择题

1. D	2. B	3. D	4. A	5. C	6. A
7. A	8. C	9. B	10. C	11. A	12. D
13. B	14. A	15. D	16. B	17. C	18. D
19. C	20. B	21. A	22. D	23. B	24. C
25. D	26. D	27. B	28. D	29. D	30. C
31. C	32. A	33. C	34. B	35. C	36. D
37. C	38. B	39. B	40. B	41. C	42. A

二、填空题

1. 操作
2. Date()：Now()
3. 生成器
4. AVG(库存量 * 单价)BETWEEN 500 AND 1000
5. 数据表
6. 生成表查询;追加查询
7. 在一次查询操作中对所有结果进行编辑
8. 多表查询;单表查询
9. 设计
10. *：?
11. Like “m *”;Like“ * m”;Like“ * m *”;Like“[F-H]”;Like“? m *”

12. 计算字段
13. Date()-[借出书籍]![应还日期]
14. 更新查询
15. “查找重复项查询”
16. 使用查询向导;设计视图
17. AVG(列名);[列名]*.5
18. 空格
19. 绝对值
20. 子查询
21. select 学号,数学 from sc where 数学>(select avg(数学) from sc)

三、简答题

略

第 4 章　窗　　体

4.1　创建简单窗体

4.1.1　实验目的

(1) 了解窗体的类型和特点。

(2) 掌握利用“窗体向导”创建不同类型窗体的过程。

(3) 掌握使用自动方式创建窗体对象的方法。

(4) 掌握利用窗体“设计视图”和“布局视图”创建窗体的过程。

(5) 掌握向窗体中添加控件的方法。

(6) 掌握窗体的常用属性和常用控件属性的设置。

4.1.2　实验内容

实验 4-1　自动创建窗体

1. 实验要求

在“学生信息管理.accdb”数据库中，以“教师”表为数据源创建数据表式窗体。

2. 实验步骤

(1) 在 Access 的导航窗格中选择“教师”表作为数据源。

(2) 单击“创建”选项卡“窗体”组的“其他窗体”按钮，在下拉列表中单击“数据表”选项，如图 4.1 所示，即可自动创建数据表式窗体，并打开其数据表视图，如图 4.2 所示。

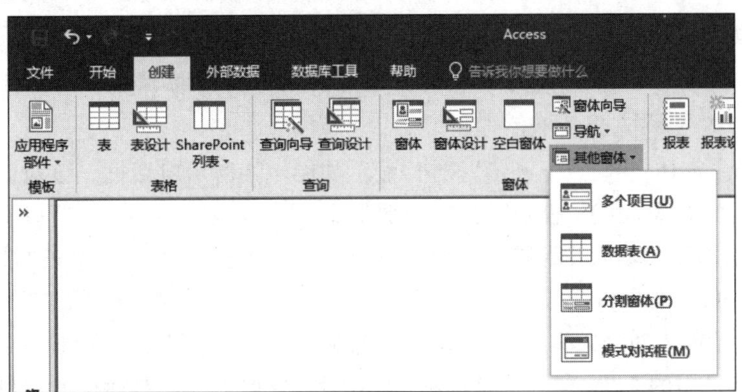

图 4.1　创建窗体

教师

教师编号	姓名	性别	出生日期	政治面貌	学历	职称	所属院系	电子邮件
110003	郭建政	男	1957/6/20		大学本科	副教授	19	shennaijian@163.com
110035	酉志梅	女	1961/8/18	民盟	大学本科	讲师	24	pumahenry@hotmail.com
120008	王守海	男	1962/11/27	中共党员	研究生	教授	22	
120019	陈海涛	男	1967/5/15		大学本科	讲师	11	justin_1025@163.com
120022	史玉晓	男	1970/1/26		大学本科	讲师	23	shichengxu@163.com
120026	孙开晖	女	1965/7/28	中共党员	研究生	助教	18	wangyuxiangboy@yahoo.com
130004	李菲菲	女	1974/7/12		大学本科	讲师	22	xuyi19920502@sina.com
130005	刘建成	男	1966/8/7		研究生	讲师	16	zjoo00@126.com
140048	刁秀库	男	1977/8/8		大学本科	教授	24	maoruichen@163.com
140062	赵立栋	男	1956/12/19		研究生	讲师	16	jxaa163723@126.com
140086	程洁	女	1978/12/2		大学本科	讲师	14	chnlkw@163.com
140088	高尧尧	男	1976/4/11		大学本科	教授	24	xj200713@126.com
140103	卢立丽	女	1961/9/10	九三学社	研究生	讲师	24	xiexuan_0917@yahoo.com.c
140107	徐涛	男	1966/6/2		研究生	讲师	14	tjh0558@sina.com
140110	吴坤	男	1963/6/5		研究生	副教授	22	jhpzx@tom.com
140115	徐凯	男	1966/8/22		研究生	讲师	13	yyp3283861@163.com
140121	侯静静	女	1979/12/23	致公党	研究生	副教授	23	zgc312@163.com

记录: 第 1 项(共 88 项 无筛选器 搜索

图 4.2 “教师”数据表窗体

(3) 单击快速访问工具栏上的“保存”按钮，显示“另存为”对话框，在“窗体名称”文本框内输入“教师数据表窗体”，保存窗体。

实验 4-2 使用向导创建窗体

1. 实验要求

以“教师”和“开课信息”表为数据源，利用窗体向导创建如图 4.3 所示的主/子窗体。

2. 实验步骤

注意：创建主/子窗体前必须保证主窗体的数据来源和子窗体的数据来源之间已经建立一对一或一对多的关系。

(1) 打开“学生信息管理.accdb”数据库，单击“创建”选项卡“窗体”组的“窗体向导”按钮，弹出“窗体向导”第一个对话框。

(2) 选择数据源：在“表/查询”下拉列表中选择“表：教师”，在“可用字段”列表框中选择需要在新建窗体中显示的字段，双击字段名或单击按钮 > ，将所选字段移到“选定字段”列表框中，这里单击按钮 >> 选择所有字段。再在“表/查询”下拉列表中选择 “表：开课信息”，单击按钮 >> 选择所有字段。

(3) 选择主窗体：单击“下一步”按钮，显示如图 4.4 所示对话框。该对话框要求确定窗体查看数据的方式，由于“教师”表和“开课信息”表有一对多的关系，所以有两个可选项“通过 教师”查看或“通过 开课信息”查看，这里选择“通过 教师”，并单击“带有子窗体的窗体”单选按钮。

(4) 选择子窗体布局：单击“下一步”按钮，显示如图 4.5 所示对话框。该对话框要求设置子窗体所采用的布局，有两个可选项“表格”和“数据表”，在对话框的左侧可预览布局效果，此处选择“数据表”单选按钮。

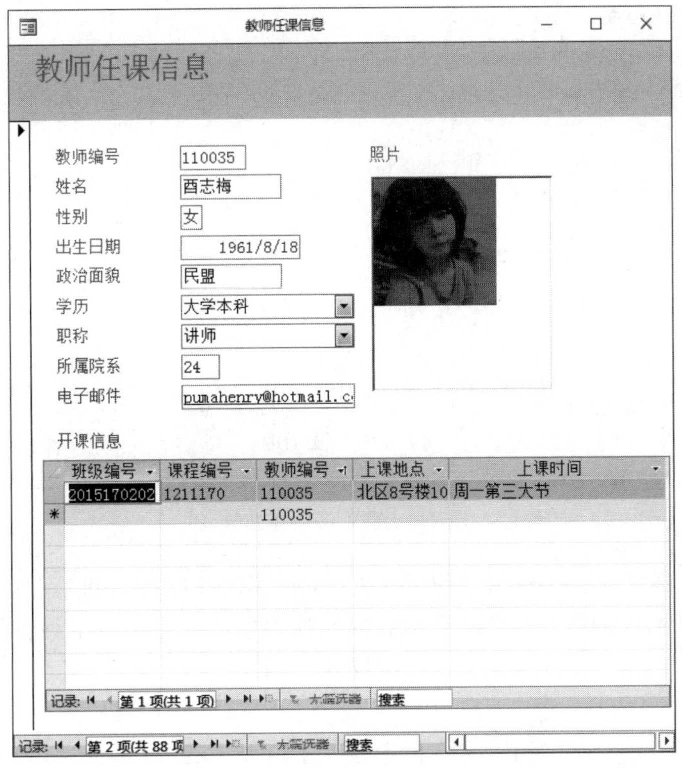

图 4.3 通过向导创建的主/子窗体

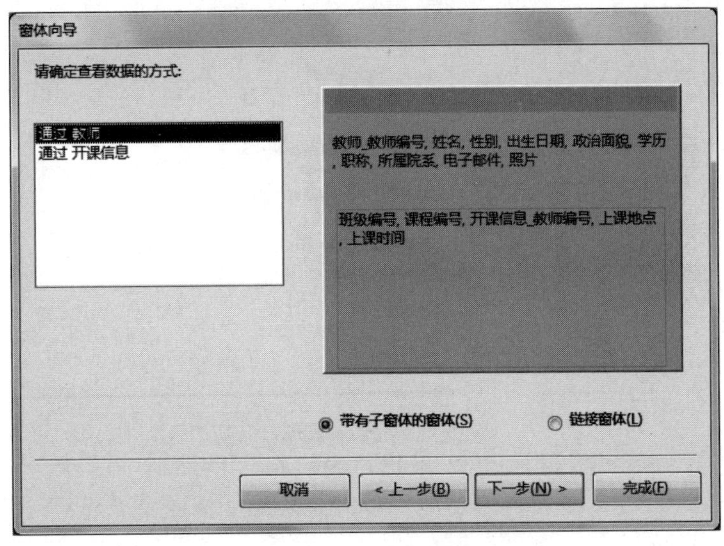

图 4.4 确定主/子窗体的数据查看方式

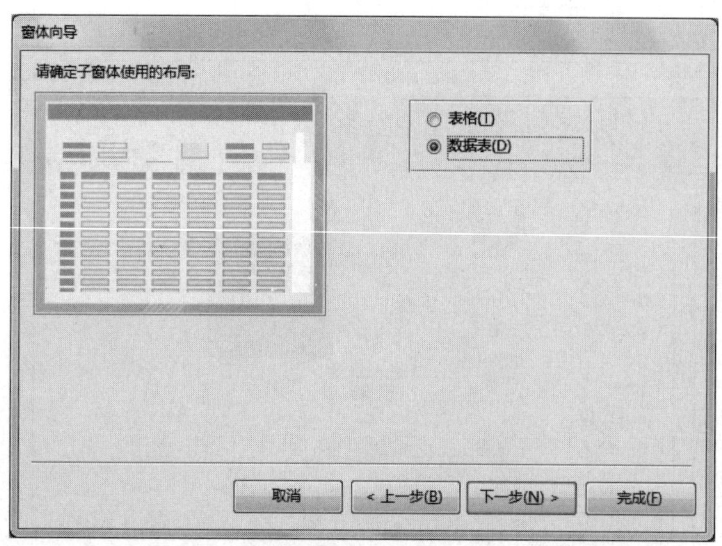

图 4.5　确定子窗体布局

(5) 选择窗体样式：单击“下一步”按钮，显示“窗体向导”第四个对话框。该对话框要求确定窗体所采用的样式。在对话框右部的列表框中列出了若干种窗体的样式，用户可以选择所喜欢的样式。此处选择“标准”样式。

(6) 保存主/子窗体：单击“下一步”按钮，显示“窗体向导”最后一个对话框，为窗体指定标题。在该对话框的“窗体”文本框中输入主窗体标题“教师任课信息”；在“子窗体”文本框中输入子窗体标题“开课信息”，如图 4.6 所示。

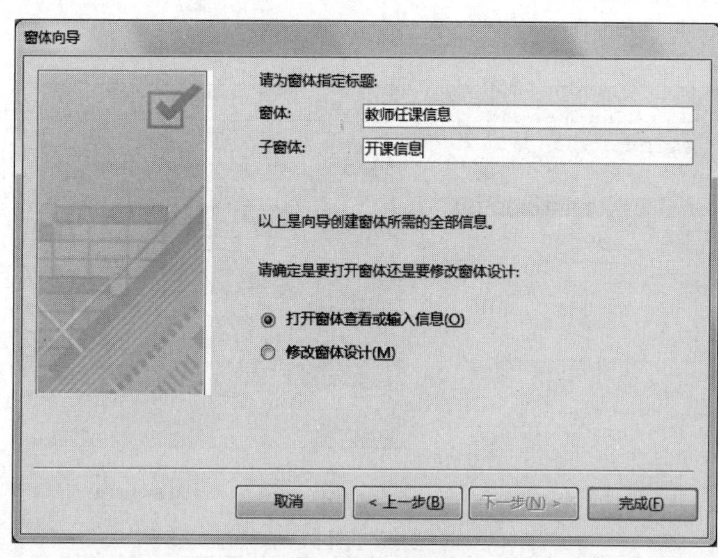

图 4.6　指定窗体标题

(7) 单击“完成”按钮，所创建的主窗体和子窗体同时显示在屏幕上，如图 4.3 所示。同时“导航窗格”窗体对象多了“教师任课信息”和“开课信息子窗体”两个窗体。

实验 4-3 使用窗体设计视图创建窗体

1. 实验要求

在窗体设计视图中，以“课程名称”表的备份表“课程名称备份”为数据源创建一个自定义窗体，用于输入课程信息，如图 4.7 所示。

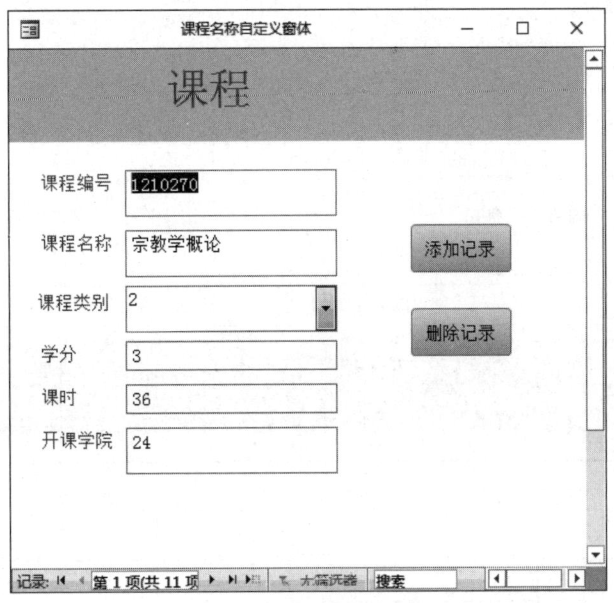

图 4.7 使用设计视图创建的窗体

2. 实验步骤

(1) 在数据库导航窗格中，选中“课程名称”表，单击“文件|对象另存为”，为“课程名称”表建立副本“课程名称备份”。

(2) 创建一个空白窗体。单击“创建”选项卡“窗体”组中的“窗体设计”按钮，打开窗体设计视图，即创建一个空白窗体。默认的空白窗体上只有“主体”节，如果需要页眉和页脚，可通过在窗体上右击添加窗体页眉和页脚、页面页眉和页脚。

(3) 打开“窗体”控件的“属性表”窗格，设置其“数据”选项卡的“记录源”属性为“课程名称备份”表，如图 4.8 所示。

(4) 在窗体中创建显示窗口标题的“标签”控件。右击窗体，在弹出的快捷菜单中选择“窗体页眉/页脚”命令，添加窗体页眉节，在窗体页眉中添加一个“标签”控件，在其中输入标题“课程”，按回车键结束，通过“窗体设计工具|格式”选项卡设置标签的字体、字号等属性。

(5) 单击“窗体设计工具|设计”选项卡“工具”组中的“添加现有字段”按钮，打开字段列表窗口，如图 4.9 所示，分别将字段列表窗口中的“课程编号”“课程名称”“学分”“课时”“开课学院”字段拖放到窗体的主体节中，并按图 4.10 布局调整好它们的大小和位置。

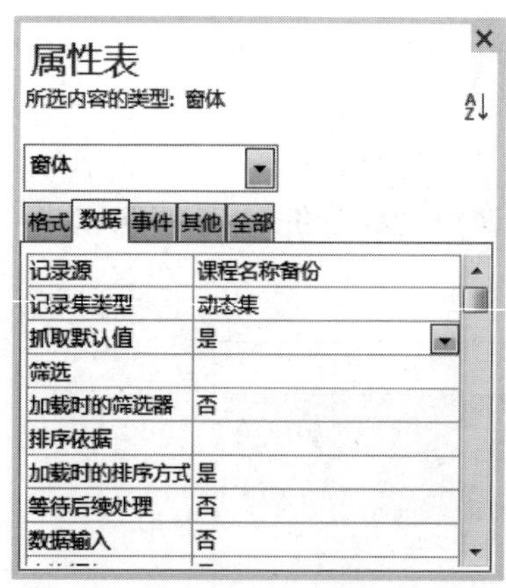

图 4.8 “属性表”窗口

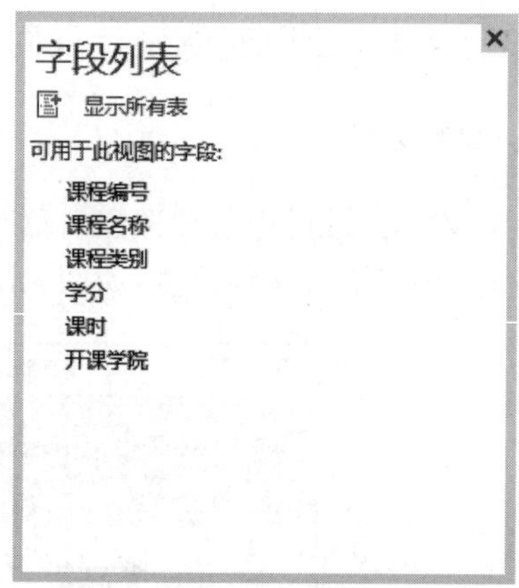

图 4.9 “字段列表”窗格

图 4.10 设计视图

说明：可以使用“窗体设计工具|排列”选项卡“表”组中的“堆积”“删除布局”等按钮调整控件的布局，使用“调整大小和排序”组中的“对齐”“大小/空格”等按钮调整控件大小和位置。

(6) 查看“控件”组的“控件向导”按钮的状态，如没有按下，单击将其按下，如图 4.11 所示。

(7) 单击“控件”组的“组合框”按钮，在窗体的适当位置单击，放置控件的同时自动打开“组合框向导”对话框，如图 4.12 所示，选择“自行键入所需的值”单选按钮。

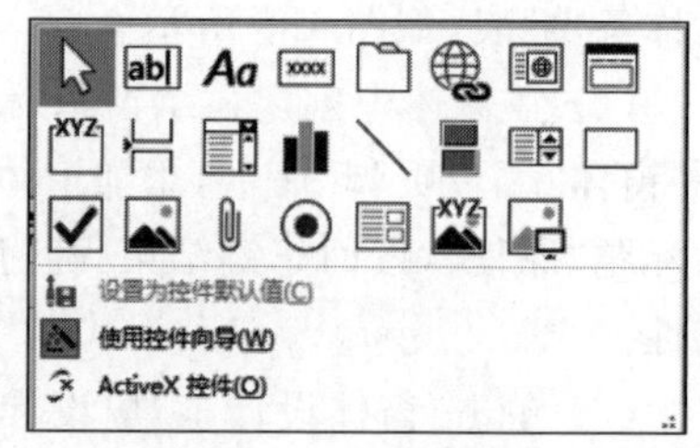

图 4.11 窗体控件组

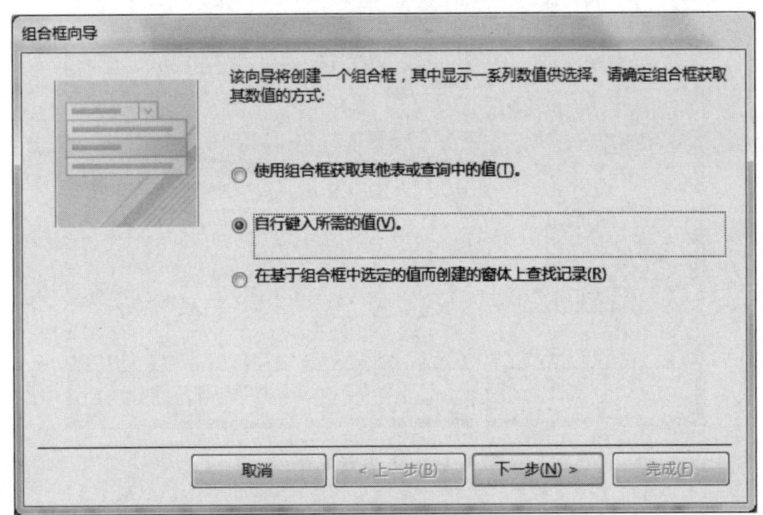

图 4.12 “组合框向导”对话框

(8) 单击“下一步”按钮，输入组合框列表项的值“必修”“选修”，如图 4.13 所示。

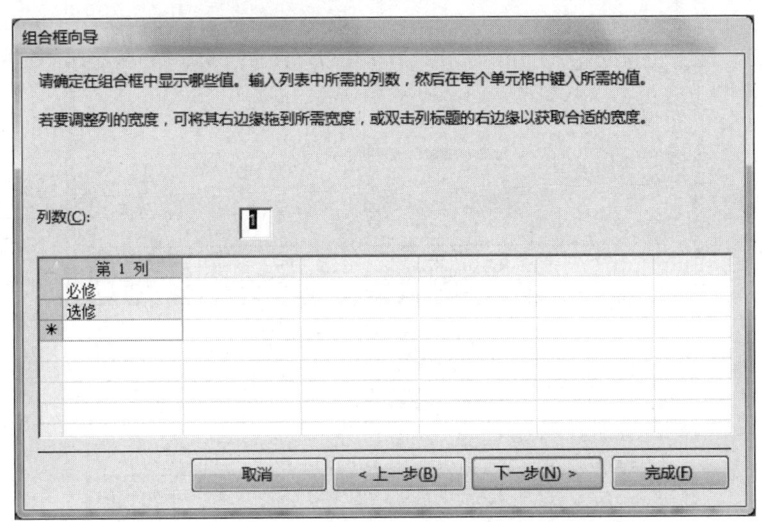

图 4.13 指定组合框显示的值

(9) 单击“下一步”按钮，选择“将该数值保存在这个字段中”，并在组合框中选择“课程类别”字段，如图 4.14 所示。

(10) 单击“下一步”按钮，指定组合框标签为“课程类别”，如图 4.15 所示，单击“完成”按钮结束向导，即可看到窗体上创建的组合框控件，如图 4.16 所示。若组合框标签和组合框的位置有重叠，可分别拖动各自的移动控点调整它们的位置至合适的状态。

(11) 添加命令按钮控件：单击“窗体设计工具|设计”选项卡“控件”组中的“按钮”，在窗体上添加命令按钮控件，在弹出的“命令按钮向导”对话框中选择“记录操作”选项，然后在“操作”列表中选择“添加新记录”，如图 4.17 所示。

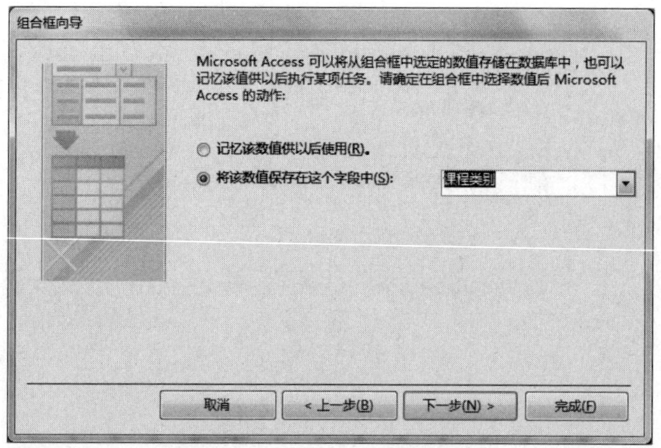

图 4.14　指定存储字段

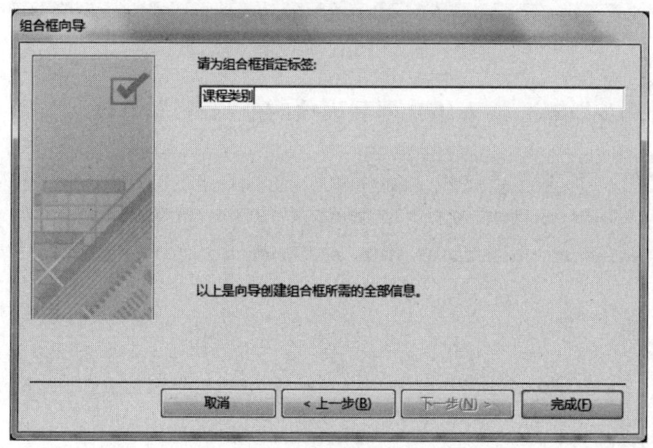

图 4.15　指定组合框标签

图 4.16　添加组合框后的设计视图

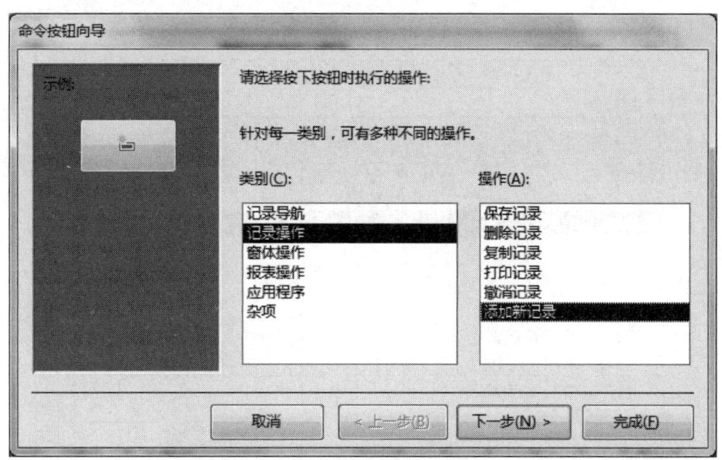

图 4.17　命令按钮向导

(12) 单击“下一步”按钮，选择“文本”单选按钮，文本内容为“添加记录”，如图 4.18 所示。

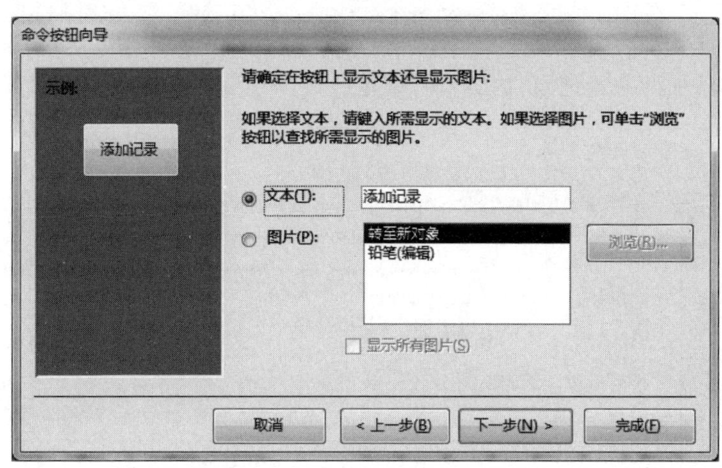

图 4.18　确定命令按钮显示文本

(13) 单击“下一步”按钮，为命令按钮命名，这里选默认值，然后单击“完成”按钮。用同样的方法，继续创建“删除记录”命令按钮。完成后的效果如图 4.19 所示。

(14) 切换到窗体视图，呈现如图 4.7 所示的窗体效果，单击窗体上的命令按钮测试相关操作，并打开源表“课程名称备份”检验添加记录和删除记录的情况，记录内容自拟。保存窗体，窗体名称为“课程名称自定义窗体”。

4.1.3　实验练习

在“图书管理.accdb”数据库中，设计并实现如下操作。

(1) 自动创建窗体：使用“窗体”按钮为图书书目表创建纵栏式窗体，如图 4.20 所示。

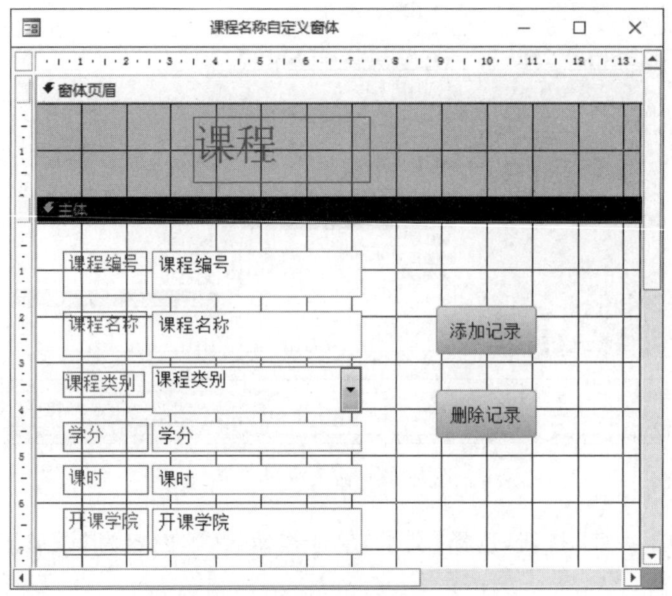

图 4.19　添加命令按钮后的窗体

然后通过窗体添加两条新记录，内容自行确定。

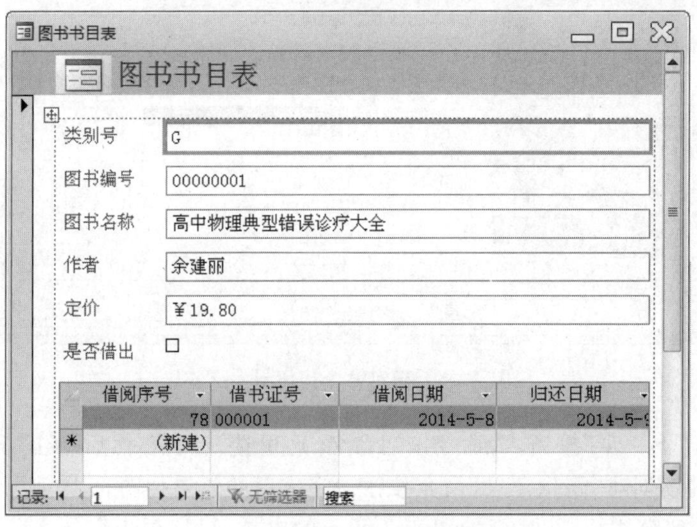

图 4.20　图书书目表纵栏式窗体

(2) 使用自动创建窗体建立一个“读者”分割式窗体，如图 4.21 所示。数据源为“借书证”表，窗体标题为“读者”。

(3) 使用窗体向导创建主/子窗体，主窗体为“借书证表”，子窗体为“借阅登记表”。窗体效果如图 4.22 所示。

(4) 在设计视图中创建“读者联系信息”窗体，要求用一个列表框显示借书人姓名，另有两个文本框分别显示所选中借书人的借书证号和联系电话，并且取消窗体上的记录导

图 4.21 “读者”窗体

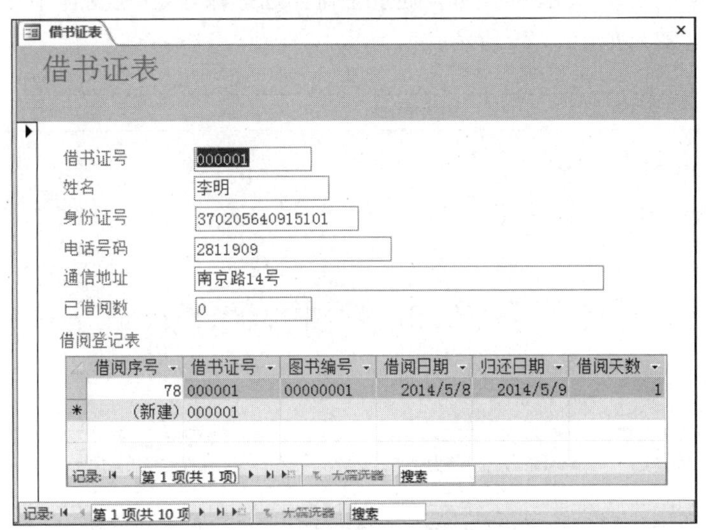

图 4.22 借书证主/子窗体

航按钮。

(5) 建立一个“图书管理主界面”的窗体,要求如下。

① 添加 6 个按钮,单击各命令按钮,可分别打开上面建立的 5 个窗体,单击“退出”按钮,可关闭窗体。

② 美化窗体:调整控件布局,设置控件特殊效果,并为窗体添加背景图片、日期/时间等修饰窗体。

4.2 创建窗体

4.2.1 实验目的

(1) 掌握利用窗体设计视图创建主/子窗体的方法。
(2) 掌握在窗体设计视图中美化窗体的方法。
(3) 掌握创建模式窗体的方法。
(4) 掌握设置启动窗体的方法。

4.2.2 实验内容

实验 4-4 通过"子窗体"控件创建主/子窗体

1. 实验要求

创建名称为"课程与学生成绩"的主/子窗体对象。该窗体以"课程名称"表为主窗体数据源,内嵌"学生成绩"子窗体。可以通过主窗体选择课程,在子窗体中查看选修该门课程的学生成绩。效果如图 4.23 所示。

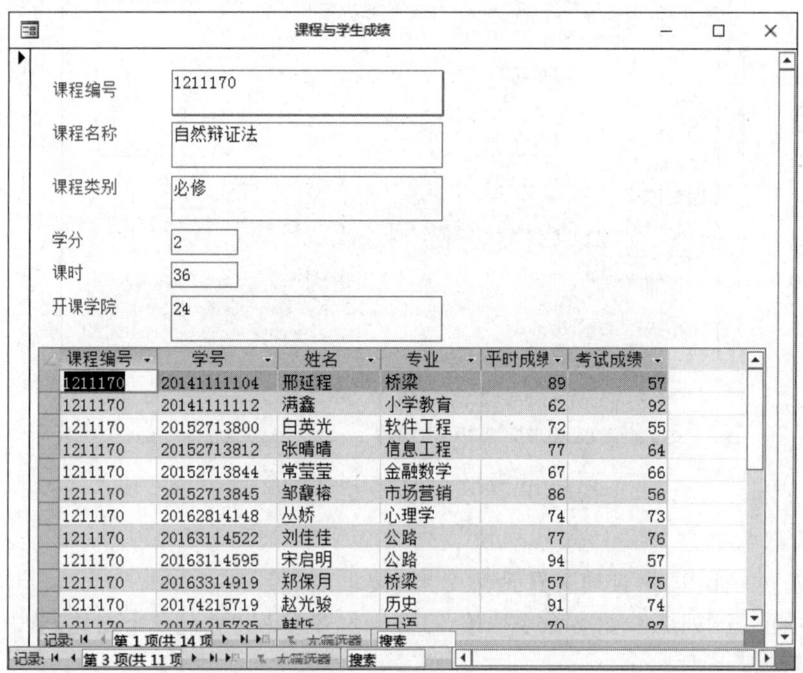

图 4.23 "课程与学生成绩"主/子窗体

2. 实验步骤

(1) 利用窗体向导创建“学生成绩”窗体。

单击“创建”选项卡“窗体”组的“窗体向导”按钮,弹出“窗体向导”第一个对话框。

在“表/查询”下拉列表中选择“表:课程成绩”,在“可用字段”列表框中选择要在新建窗体中显示的字段“课程编号”,双击字段名或单击按钮 > ,将“课程编号”字段移到“选定字段”列表框中。在“表/查询”下拉列表中选择“表:学生”,在“可用字段”列表框中选择要在新建窗体中显示的字段“学号”,双击字段名或单击按钮 > ,将“学号”字段移到“选定字段”列表框中。用同样的方法将“学生”表的“姓名”和“专业”字段、“课程成绩”表的“平时成绩”和“考试成绩”字段添加到“选定字段”列表框中。如图 4.24 所示。

注意:“选定字段”列表框中的字段的顺序将是窗体上显示的顺序。

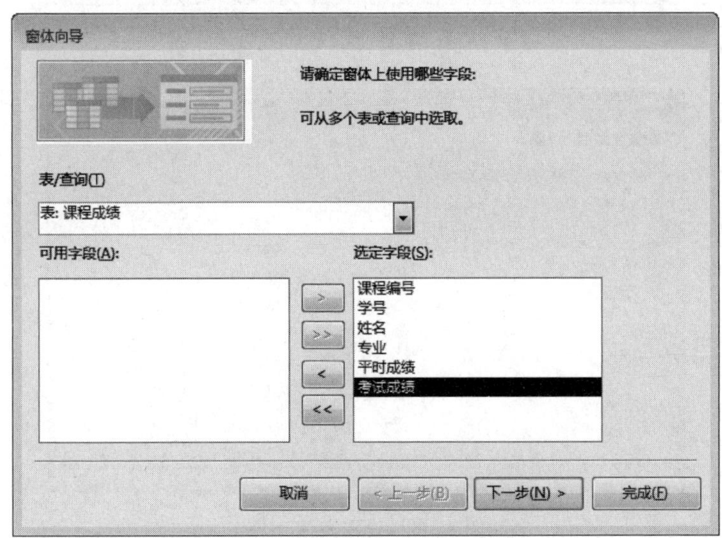

图 4.24 “窗体向导”对话框

单击“下一步”按钮,显示如图 4.25 所示对话框。该对话框要求确定窗体查看数据的方式,由于“学生”表和“课程成绩”表有一对多关系,所以有两个可选项:“通过 学生”查看或“通过 课程成绩”查看。这里选择“通过 课程成绩”,并选择“单个窗体”单选按钮。

单击“下一步”按钮,显示如图 4.26 所示对话框。该对话框要求设置窗体所采用的布局。在对话框的左侧可预览布局效果,此处选择“数据表”单选按钮。

单击“下一步”按钮,显示如图 4.27 所示的对话框,在“请为窗体指定标题”文本框中输入“课程成绩”。单击“完成”按钮,打开“课程成绩”窗体,如图 4.28 所示。

关闭并保存“课程成绩”窗体。

(2) 利用自动创建窗体方式创建“课程与学生成绩”窗体。

在 Access 的导航窗格中选择“课程名称”表,单击“创建”选项卡 “窗体”组的“窗体”按钮,即可自动创建纵栏式窗体,如图 4.29 所示。单击快速访问工具栏的“保存”按钮,保存窗体名称为“课程与学生成绩”。

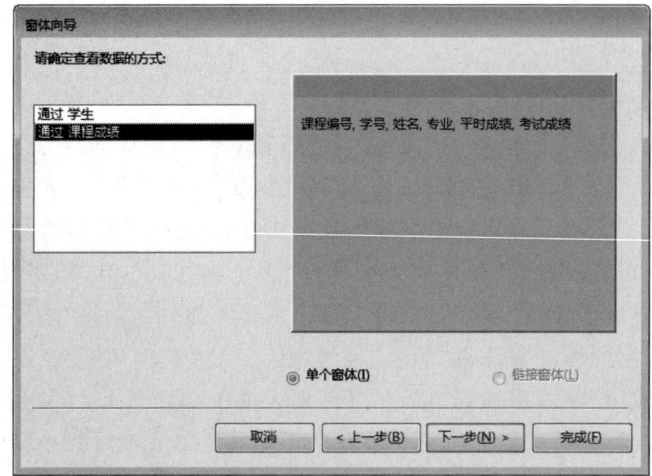

图 4.25　确定查看数据的方式

图 4.26　确定窗体布局

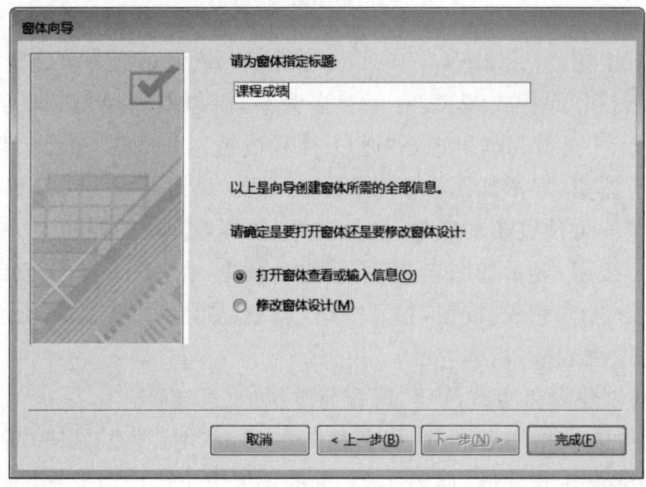

图 4.27　指定窗体标题

课程成绩

课程编号	学号	姓名	专业	平时成绩	考试成绩
2190012	20141111101	张志丽	桥梁	68	79
2190013	20141111101	张志丽	桥梁	77	73
3210100	20141111101	张志丽	桥梁	58	91
2190011	20141111101	张志丽	桥梁	81	58
1211170	20141111104	邢延程	桥梁	89	57
2190011	20141111104	邢延程	桥梁	71	78
2190012	20141111104	邢延程	桥梁	93	84
2190013	20141111104	邢延程	桥梁	61	87
2190012	20141111112	满鑫	小学教育	78	71
2190013	20141111112	满鑫	小学教育	87	57
2190011	20141111112	满鑫	小学教育	59	91
1211170	20141111112	满鑫	小学教育	62	92
2235160	20141311165	陈元杰	小学教育	55	69
3210100	20141311165	陈元杰	小学教育	90	90
2230060	20141411170	郭晓云	公路	67	90
2235160	20141411170	郭晓云	公路	57	86
2230060	20141411182	李小青	历史	91	83
2235160	20141411182	李小青	历史	80	55
3210100	20141411182	李小青	历史	92	52
2230060	20141411196	武玮琦	会计	54	75
2235160	20141411196	武玮琦	会计	74	60
2230060	20141411197	王婷婷	数学	55	52
2235160	20141411197	王婷婷	数学	81	64
3210100	20141411197	王婷婷	数学	57	70

记录: 第 1 项(共 139 项 搜索

图 4.28 “课程成绩”窗体

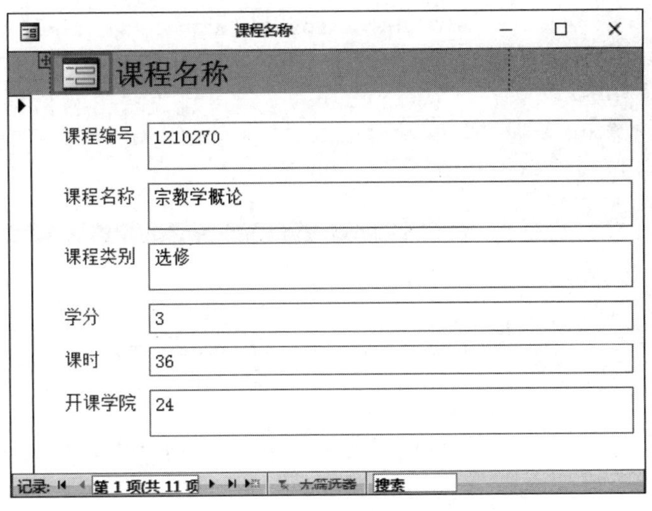

图 4.29 “课程名称”窗体

(3) 通过控件向导在窗体中创建显示“课程成绩”的“子窗体”控件。

切换到“课程与学生成绩”窗体的设计视图，单击控件组的“子窗体/子报表”按钮，在窗体“主体”节的适当位置放置控件的同时弹出“子窗体向导”对话框，如图 4.30 所示。可以选择“使用现有的表和查询”或“使用现有的窗体”单选按钮，此处选择“使用现有的窗体”单选按钮，并在窗体列表框中选择“课程成绩”选项，单击“下一步”按钮。

图 4.30　子窗体向导对话框

在“子窗体向导”第二个对话框中选择主/子窗体的链接字段，有“从列表中选择”和“自行定义”两种方法，若列表中的链接不正确则可以通过自定义的方法重新定义链接字段。这里选择默认的“从列表中选择”，如图 4.31 所示，单击“下一步”按钮。

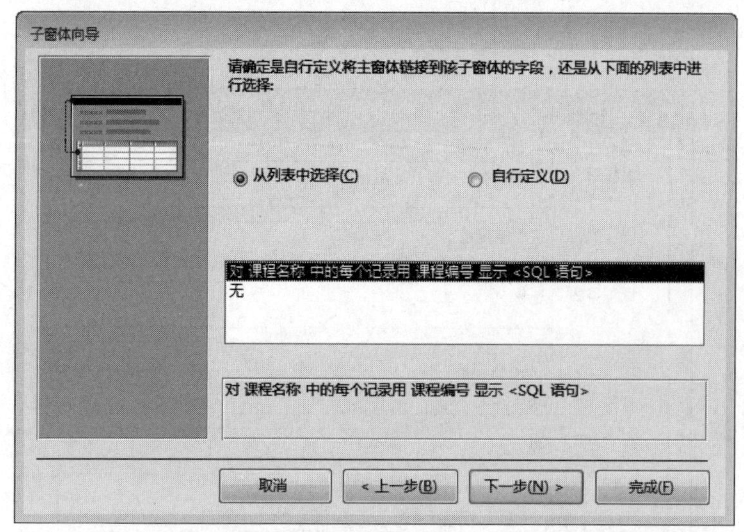

图 4.31　选择主/子窗体的链接字段

在“子窗体向导”第三个对话框中指定子窗体控件的名称为“课程成绩”，如图 4.32 所示。单击“完成”按钮结束向导，即可看到窗体上创建的“子窗体”控件，如图 4.33 所示。

(4) 删除“窗体页眉/页脚”节，调整窗体上各控件的大小、位置等属性，使窗体更加美观。切换到窗体视图，在主窗体中通过导航按钮选择课程，“课程成绩”子窗体即显示该课程的成绩情况，如图 4.23 所示，实现了主/子窗体的联动。

(5) 单击快速访问工具栏的“保存”按钮，保存窗体。

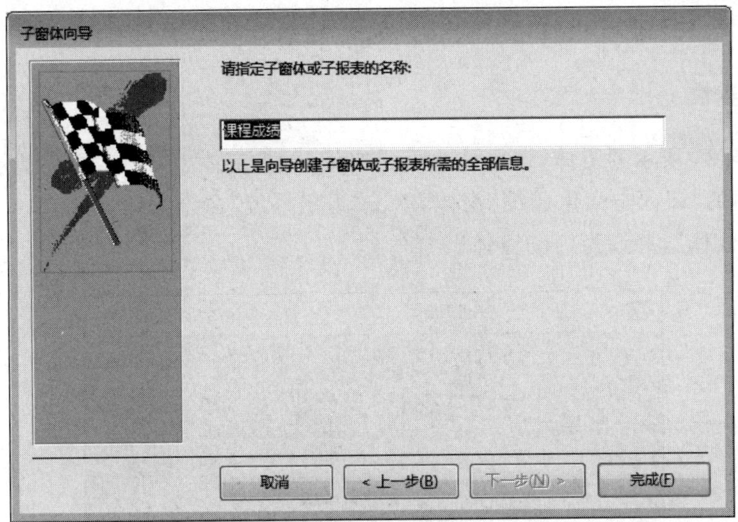

图 4.32　指定子窗体控件的名称

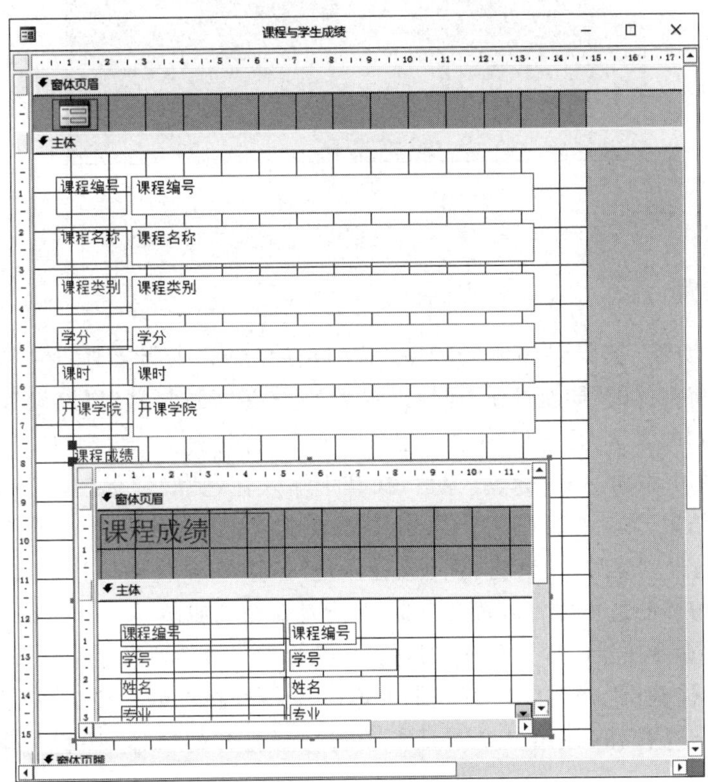

图 4.33　添加了"子窗体"控件的窗体

实验 4-5　创建启动窗体

1. 实验要求

创建图 4.34 所示的窗体，该窗体为模式窗体，单击窗体上“进入系统”命令按钮，打开实验 4-4 创建的“课程与学生成绩”窗体，单击“退出系统”命令按钮，退出 Access。该窗体命名为“界面窗体”，并设为启动窗体。

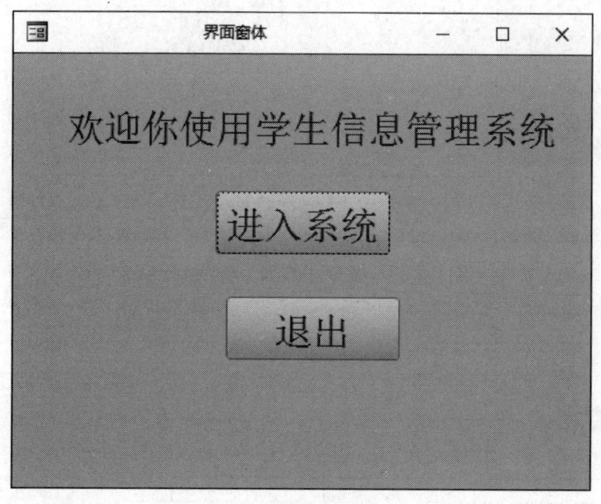

图 4.34　界面窗体

2. 实验步骤

(1) 单击“创建”选项卡“窗体”组中的“窗体设计”按钮，打开窗体设计视图，即创建一个空白窗体。将窗体的“导航按钮”属性设置为“否”“记录选择器”属性设置为“否”“滚动条”属性设置为“两者均无”。将“主体”的“背景色”属性设置为“＃CDDCAF”

(2) 在窗体中添加一个“标签”控件，在其中输入标题“欢迎你使用学生信息管理系统”，按回车键结束，然后按照图 4.34 所示外观设置标签的字体大小、颜色等属性。

(3) 使用向导创建“进入系统”命令按钮。使“控件向导”按钮呈按下状态，单击“命令按钮”按钮，在窗体的适当位置放置命令按钮，启动命令按钮向导。

在打开的“命令按钮向导”第一个对话框中选择按下按钮时产生的动作。在“类别”列表框中选择“窗体操作”，在“操作”列表框中选择“打开窗体”，如图 4.35 所示。

单击“下一步”按钮，在第二个对话框中选择要打开的窗体“课程与学生成绩”，如图 4.36 所示。

单击“下一步”按钮，在第三个对话框中选择“打开窗体并显示所有记录”选项，如图 4.37 所示。

单击“下一步”按钮，在第四个对话框中选择命令按钮上要显示文本还是图片，这里选择文本，并输入文本“进入系统”，如图 4.38 所示。

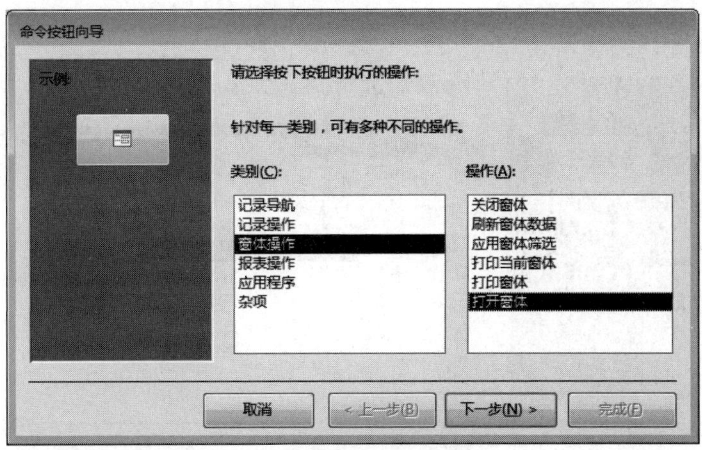

图 4.35　选择按下按钮时执行的操作

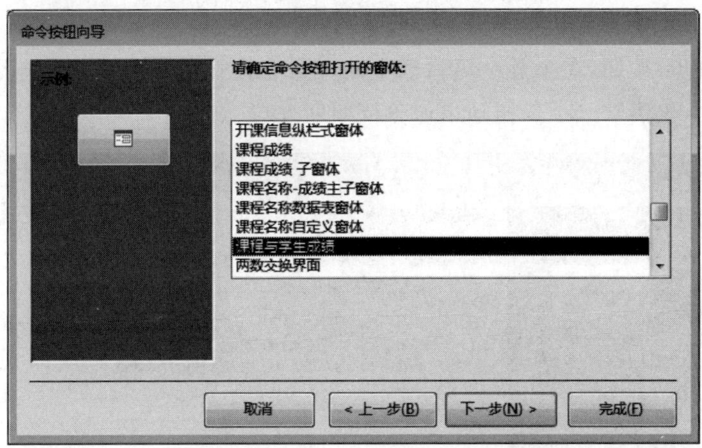

图 4.36　选择按钮要打开的窗体

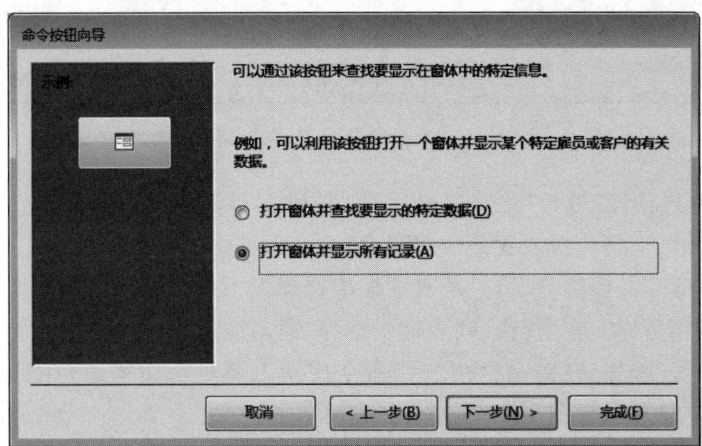

图 4.37　查找要显示在窗体的信息

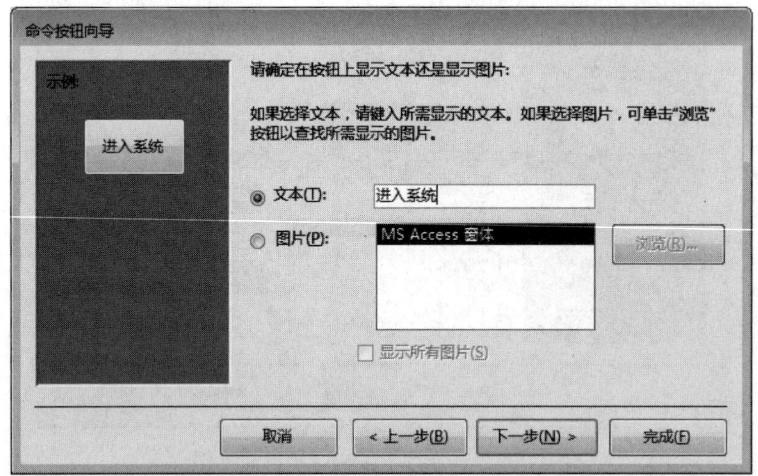

图 4.38　确定命令按钮上显示的文字

单击"下一步"按钮，在第五个对话框中输入命令按钮的名称，这里采用默认的名称，如图 4.39 所示，单击"完成"按钮结束命令按钮向导。

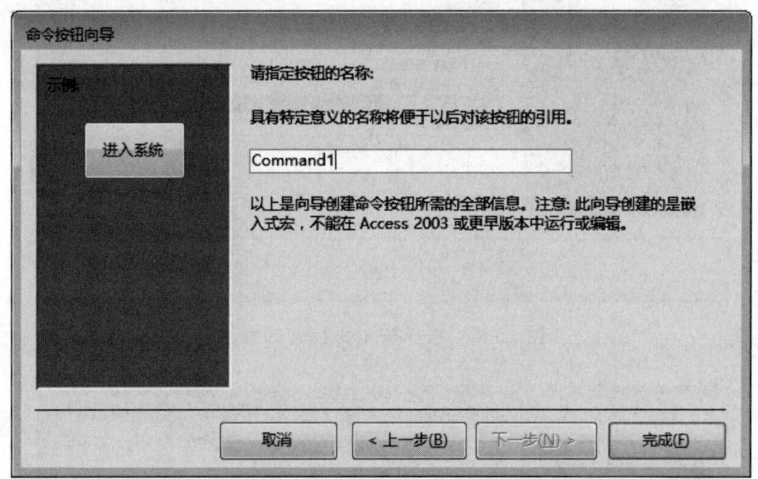

图 4.39　指定命令按钮的名称

(4) 使用向导创建"退出"命令按钮。使"控件向导"按钮呈按下状态，单击"命令按钮"按钮，在窗体的适当位置放置命令按钮，启动命令按钮向导。

在打开的"命令按钮向导"第一个对话框中选择按下按钮时产生的动作。在"类别"列表框中选择"应用程序"，在"操作"列表框中选择"退出应用程序"，如图 4.40 所示。

单击"下一步"按钮，在对话框中选择命令按钮上要显示文本还是图片，这里选择文本，并输入文本"退出"，如图 4.41 所示。

单击"下一步"按钮，在对话框中输入命令按钮的名称，这里采用默认的名称，单击"完成"按钮结束命令按钮向导。

(5) 按照图 4.34 所示外观调整"进入系统"和"退出"命令按钮的位置、大小，设置前

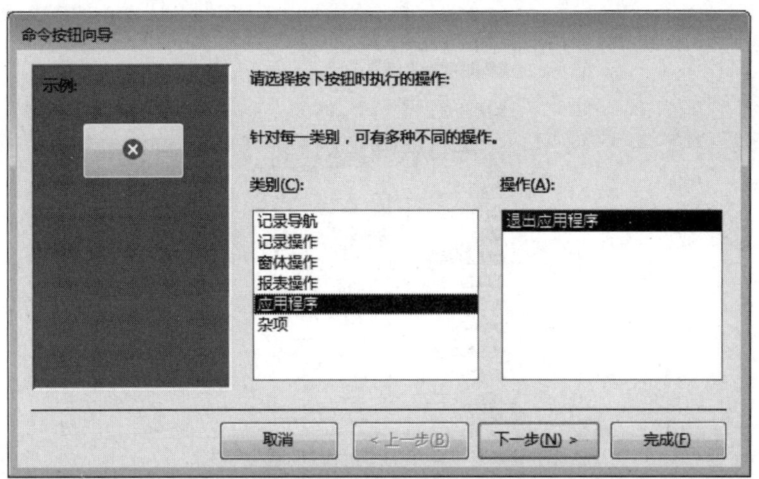

图 4.40 选择按下按钮时执行的操作

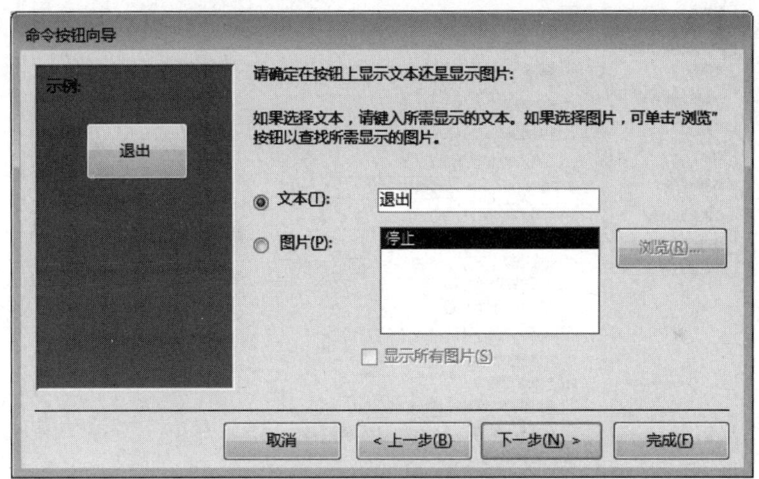

图 4.41 确定在按钮上显示的文本

景色、字体名称、字号等属性。

(6) 设置窗体的“弹出方式”属性为“是”,“模式”属性为“是”,如图 4.42 所示,以创建模式窗体。

说明：在除“设计视图”之外的视图中打开模式窗体时,除非关闭窗体,否则无法访问其他任何对象。

(7) 单击快速访问工具栏的“保存”按钮,保存窗体名称为“界面窗体”。

(8) 设置“界面窗体”为启动窗体。切换到“文件”选项卡,单击“选项”命令,打开“Access 选项”窗口,选择该窗口左侧的“当前数据库”选项,在窗口右侧的“应用程序选项”组的“显示窗体”组合框中选择“界面窗体”,如图 4.43 所示。

单击“确定”按钮,弹出如图 4.44 提示框。关闭当前数据库,再次打开该数据库,“界面窗体”将自动打开。

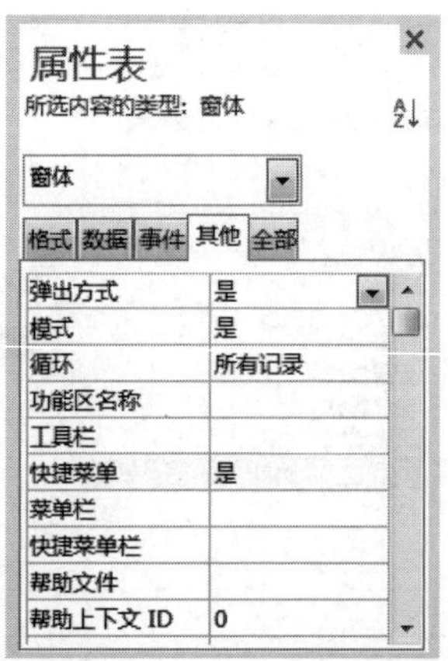

图 4.42 “弹出方式”和“模式”属性

图 4.43 “Access 选项”窗口

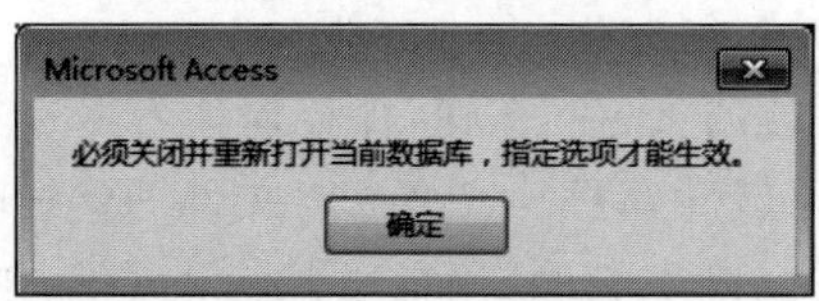

图 4.44 Access 提示框

4.2.3 实验练习

在“图书管理.accdb”数据库中，设计并实现如下操作。

(1) 使用窗体设计视图创建主/子窗体“图书信息窗体”，如图 4.45 所示，要求使用子窗体显示当前主窗体所示图书的借阅情况。

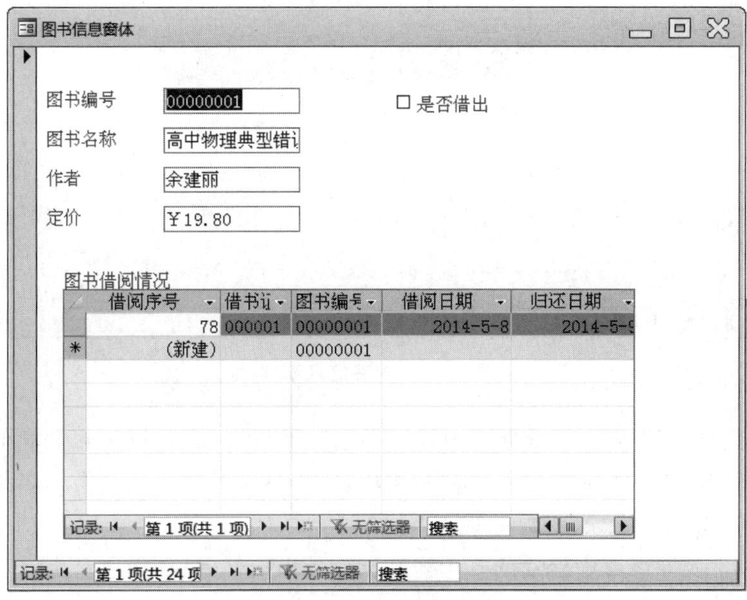

图 4.45 图书信息窗体

(2) 创建“选择窗口”窗体，如图 4.46 所示，其中“图书编号”组合框的值来自“图书书目表”中的“图书编号”字段。要求单击“确定”按钮打开与组合框中“图书编号”一致的图书信息窗体，如图 4.47 所示；单击“关闭窗体”按钮，退出当前窗体。

图 4.46 “选择窗口”窗体

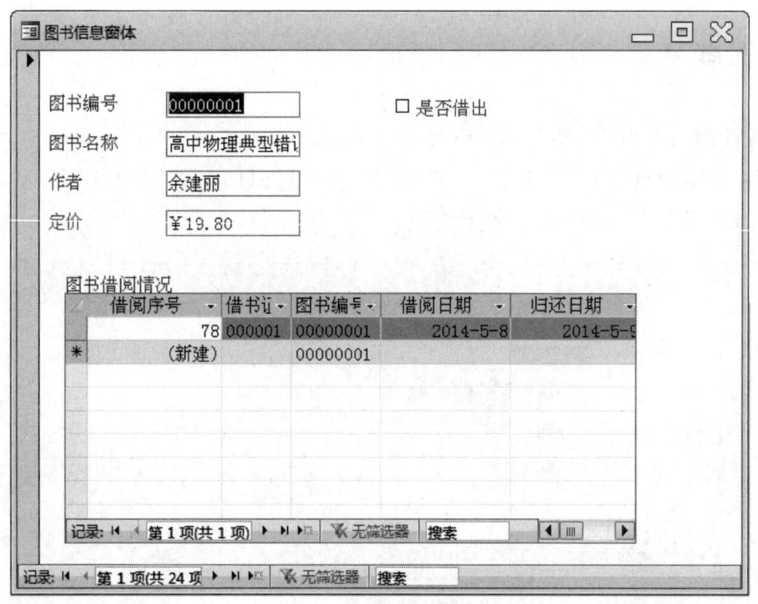

图 4.47 图书信息窗体

(3) 在"图书管理.accdb"数据库中,以"类别与书目查询"查询为数据源创建名为"图书数据图表"的窗体。具体要求是:选择"出版社"为横轴分类字段,"类别名称"为系列字段,"图书名称"为数据字段,汇总方式为"计数"。

(4) 为以上实验练习中建立的 3 个窗体创建导航窗体,具体设置自定。

4.3 习题

一、单项选择题

1. 关于列表框和组合框叙述正确的是(　　)。
   A. 列表框和组合框都可以显示一行或多行数据
   B. 可以在列表框中输入新值,而组合框不能
   C. 可以在组合框中输入新值,而列表框不能
   D. 在列表框和组合框中均可以输入新值
2. 为窗体上的控件设置 Tab 键的顺序,应选择属性表中的(　　)选项卡。
   A. 格式　　B. 数据　　C. 事件　　D. 其他
3. 下述有关"选项组"控件叙述正确的是(　　)。
   A. 如果选项组结合到某个字段,实际上是组框架内的控件结合到该字段上
   B. 在选项组可以选择多个选项
   C. 只要单击选项组中所需的值,就可以为字段选定数据值
   D. 以上说法都不对
4. "特殊效果"属性值用于设定控件的显示效果,下列不属于"特殊效果"属性值的

是（　　）。

A. 平面　　B. 凸起　　C. 蚀刻　　D. 透明

5. 不是窗体组成部分的是（　　）。

A. 窗体页眉　　B. 窗体页脚　　C. 主体　　D. 窗体设计器

6. 自动创建的窗体不包括（　　）。

A. 纵栏式　　B. 新奇式　　C. 分割窗体　　D. 数据表

7. 使用窗体设计器，不能创建（　　）。

A. 数据维护窗体　　B. 主/子窗体

C. 报表　　D. 自定义对话窗体

8. 创建窗体的数据源不能是（　　）。

A. 一个表　　B. 任意

C. 一个单表创建的查询　　D. 一个多表创建的查询

9. 不是窗体控件的是（　　）。

A. 表　　B. 标签　　C. 文本框　　D. 组合框

10. 关于窗体的作用叙述错误的是（　　）。

A. 可以接收用户输入的数据或命令

B. 可以编辑、显示数据库中的数据

C. 可以构造方便、美观的输入输出界面

D. 可以直接存储数据

11. 当窗体中的内容较多而无法在一页中显示时，可以使用（　　）控件进行分页。

A. 命令按钮　　B. 组合框

C. 选项卡　　D. 选项组

12. 属于交互式控件的是（　　）。

A. 标签控件　　B. 文本框控件

C. 命令按钮控件　　D. 图像控件

13. 如果选项组控件结合到数据表中的某个字段，则是指（　　）结合到此字段。

A. 组框架内的复选框　　B. 组框架内选项按钮

C. 组框架内切换按钮　　D. 组框架本身

14. “输入掩码”用于设定控件的输入格式，对（　　）数据有效。

A. 数字型　　B. 货币型　　C. 日用型　　D. 备注型

15. 主窗体和子窗体通常用于显示具有（　　）关系的多个表或查询的数据。

A. 一对一　　B. 一对多　　C. 多对一　　D. 多对多

16. 不是用来作为表或查询中“是”/“否”值的控件是（　　）。

A. 复选框　　B. 切换按钮　　C. 选项按钮　　D. 命令按钮

17. 不是窗体文本框控件的格式属性的选项是（　　）。

A. 标题　　B. 可见性　　C. 前景颜色　　D. 背景颜色

18. 主/子窗体中，主窗体只能显示为（　　）。

A. 纵栏式窗体　　B. 表格式窗体　　C. 数据表式窗体　　D. 图表式窗体

19. 纵栏式窗体同一时刻能显示(   )。

A. 1条记录　B. 2条记录　C. 3条记录　D. 多条记录

20. 数据表窗体同一时刻能显示(   )。

A. 1条记录　B. 2条记录　C. 3条记录　D. 多条记录

21. 图表窗体的数据源是(   )。

A. 数据表　B. 查询

C. 数据表或查询　D. 以上都不是

22. 在窗体的"窗体"视图中可以进行(   )。

A. 创建或修改窗体　B. 显示、添加或修改表中的数据

C. 创建报表　D. 以上都可以

23. 不属于 Access 窗体的视图是(   )。

A. 设计视图　B. 查询视图　C. 窗体视图　D. 布局视图

24. 在计算控件中,每个表达式前都要加上(   )。

A. "="　B. "!"　C. "."　D. "Like"

25. Access 的窗体由多个部分组成,每个部分称为一个(   )。

A. 控件　B. 子窗体　C. 节　D. 页

26. 窗体中控件的类型有(   )。

A. 绑定型　B. 非绑定型　C. 计算型　D. A、B和C

27. 没有数据来源的控件类型是(   )。

A. 绑定型　B. 非绑定型　C. 计算型　D. A、B和C

28. 用于显示、更新数据库中的字段的控件类型的是(   )。

A. 绑定型　B. 非绑定型　C. 计算型　D. A、B和C

29. 不是窗体组合框控件的格式属性的选项是(   )。

A. 标题　B. 可见性　C. 前景颜色　D. 背景颜色

30. 不是窗体格式属性的选项是(   )。

A. 标题　B. 可见性　C. 默认视图　D. 滚动条

31. 关于子窗体叙述正确的是(   )。

A. 子窗本只能显示为数据表窗体　B. 子窗体里不能再创建子窗体

C. 子窗体可以显示为表格式窗体　D. 子窗体可以存储数据

32. 关于图表窗体叙述正确的是(   )。

A. 利用自定义图形显示数据　B. 只能作为子窗体,不能单独使用

C. 数据源只能是数据表　D. 以上都不正确

33. 数据透视表窗体是以表或查询为数据源产生一个(   )分析表而建立的一种窗体。

A. Excel　B. Word　C. Access　D. dBase

34. 数据透视表是一种(   )的表,它可以实现用户选定的某种计算。

A. 数据透明　B. 数据投影　C. 交互式　D. 计算型

35. 控件是窗体上用于(   )的对象。

A. 显示数据和控制窗体

B. 显示数据、装饰窗体和控制窗体

C. 显示数据、执行操作、装饰窗体和控制窗体

D. 显示数据、执行操作和装饰窗体

36. 主窗体和子窗体的链接字段不一定在主窗体或子窗体中显示,但必须包含在(　　)。

A. 表中　　B. 查询中

C. 基础数据源中　　D. 外部数据库中

37. 关于控件组合叙述错误的是(　　)。

A. 多个控件组合后,会形成一个矩形组合框

B. 移动组合中的单个控件超过组合框边界时,组合框的大小会随之改变

C. 当取消控件的组合时,将删除组合的矩形框并自动选中所有的控件

D. 选中组合框,按[Del]键就可以取消控件的组合

38. 在主/子窗体中,最多可以有(　　)层子窗体。

A. 3　　B. 5　　C. 7　　D. 9

39. 如果要从子窗体的最后一个字段移到主窗体的下一个字段或到主窗体下一个记录的第一个字段,可以按(　　)。

A. Tab 键　　B. Shift 键　　C. Ctrl 键　　D. Ctrl+Tab 键

40. 如果要从子窗体切换到主窗体,可以单击(　　)。

A. 主窗体标题　　B. 主窗体背景

C. 主窗体控件　　D. 主窗体任一位置

二、填空题

1. 将数据表中的字段拖到设计窗口中时,会自动创建________控件和________控件。

2. 纵栏式窗体将窗体中的一个显示记录按列分隔,每列的左边显示字段名,右边显示________。

3. 窗体的页眉位于窗体的最上方,是由窗体控件组成的,主要用于显示窗体的________。

4. 窗体的页脚位于窗体的最下方,是由窗体控件组成的,主要用于显示窗体的________。

5. 窗体的主体位于窗体的中心部分,是工作窗口的核心部分,由多种________组成。

6. 窗体中控件的对齐方式包括:“靠左”“靠右”“靠上”“靠下”和“________”。

7. 窗体的属性决定了窗体的结构________以及数据来源。

8. 设置窗体的属性实际上是设计窗体的________。

9. 一个窗体的好坏,不单单取决于窗体自身的属性,还取决于________。

10. 窗体控件的种类很多,但其作用及________各不相同。

11. 设置窗体属性的操作是在窗体的________设计窗口进行的。

12. 页面页眉与页面页脚只出现在________。

13. 窗体是数据库系统数据维护的________。

14. 在________窗体中可以随意安排字段。

15. 窗体中的信息主要有两类：一类是设计的提示信息，另一类是所处理________的记录。

16. 利用________可以在窗体的信息和窗体的数据来源之间建立链接。

17. 窗体是用户和 Access 应用程序之间的主要________。

18. 在 Access 中，创建主/子窗体有两种方法：一是同时创建主窗体和子窗体，二是将________作为子窗体加入到另一个已有的窗体中。

19. 控件是窗体上用于显示数据________和装饰窗体的对象。

20. 计算型控件用________作为数据源。

21. ________主要是针对控件的外观或窗体的显示格式而设置的。

22. ________决定了一个控件或窗体中的数据来自何处，以及操作数据的规则。

23. 假设有一个"图书订单表"，其字段分别为书名、单价和数量，若以此表为数据源创建一个窗体，在窗体中设置一个计算订购总额的文本框，那么"控件来源"属性值应为________。

24. ________属性用于设定一个计算型控件或非绑定型控件的初始值，可以使用表达式生成器向导来确定默认值。

25. ________窗体从外观上看与数据表和查询的界面相同。数据表窗体的主要作用是作为一个窗体的子窗体。

26. ________窗体是利用 Microsoft Graph 以图表方式显示用户的数据。

27. 如果要选定窗体中的全部控件，可按下________键。

三、简答题

1. 窗体中最多可有几节？至少应有哪一节？
2. Access 中的窗体共有几种视图？
3. 创建窗体有哪两种方式，如何进行创建窗体能够达到满意的效果？
4. 简述文本框的作用与分类。
5. 判定每一控件属于绑定还是非绑定控件的方法是看有无什么属性？
6. 图像控件和非绑定型的 OLE 型的控件在应用上的区别有什么不同？
7. 一个绑定型控件可以和数据库中任意的表或查询中的任意字段绑定吗？
8. 在"标签"控件、"命令按钮"控件表面上看到的字样是它们的什么属性上的值？

4.4 参考答案

一、单项选择题

1. C	2. D	3. C	4. D	5. D	6. B
7. C	8. B	9. A	10. D	11. C	12. B

13. D	14. C	15. B	16. D	17. A	18. A
19. A	20. D	21. C	22. B	23. B	24. A
25. C	26. D	27. B	28. A	29. A	30. B
31. C	32. D	33. A	34. C	35. D	36. C
37. D	38. C	39. D	40. C		

二、填空题

1. 标签,文本框
2. 字段内容
3. 标题
4. 使用说明
5. 窗体控件
6. 对齐网格
7. 外观
8. 主体节的性能
9. 窗体的布局
10. 常用属性
11. 属性
12. 打印的窗体上
13. 主要工作界面
14. 纵栏式和表格式
15. 表或查询
16. 控件
17. 接口
18. 已有的窗体
19. 执行操作
20. 表达式
21. 格式属性
22. 数据属性
23. =[单价]*[数量]
24. 默认值
25. 数据表
26. 图表
27. Ctrl+A

三、简答题

略

第5章 报　　表

5.1 报表的创建

5.1.1 实验目的

(1) 了解报表的作用。
(2) 掌握利用报表工具创建报表的方法。
(3) 掌握利用报表向导创建报表的方法。
(4) 掌握利用标签向导创建标签报表的方法。
(5) 掌握利用空白报表工具创建报表的方法。
(6) 掌握在报表设计视图中创建报表的方法。

5.1.2 实验内容

实验 5-1 使用报表工具创建报表

1. 实验要求

以"开课信息"表为数据源,创建名称为"开课信息"的表格式报表。

2. 实验步骤

(1) 打开"学生信息管理.accdb"数据库,从"所有 Access 对象"导航窗格中选择"表"对象,单击选择"开课信息"。

(2) 切换到"创建"选项卡,单击"报表"组中的"报表"按钮,这时 Access 会自动生成报表,如图 5.1 所示。

(3) 单击快速访问工具栏上的"保存"按钮,在弹出的"另存为"对话框中输入报表的名称"开课信息",如图 5.2 所示,单击"确定"按钮,完成报表的创建。

实验 5-2 使用报表向导创建报表

1. 实验要求

使用报表向导创建名称为"按籍贯分组学生报表"的报表,如图 5.3 所示,按籍贯分组显示学生信息。

开课信息

开课信息　　2018年4月24日 9:15:55

班级编号	课程编号	教师编号	上课地点	上课时间
2015170202	1211170	110035	北区8号楼104教室	周一第三大节
2015230303	2235160	120008	南区3号楼202教室	周四第一大节
2014140101	2235160	120008	南区3号楼208教室	周五第一大节
2017230202	4190011	120019	北区8号楼109教室	周三第二大节
2015220404	4190011	120019	北区8号楼103教室	周一第二大节
2015220202	3210100	120022	北区8号楼209教室	周二第三大节
2015150505	2235160	130004	南区3号楼210教室	周四第一大节
2014190101	2235160	130004	南区3号楼204教室	周四第二大节
2015220303	1211170	140048	北区8号楼112教室	周一第三大节
2014170101	2235160	140110	南区3号楼212教室	周四第一大节
2014150101	2235160	140110	南区3号楼206教室	周四第二大节
2015230202	3210100	140121	北区8号楼204教室	周二第三大节
2014150101	3210100	210040	北区8号楼211教室	周二第三大节
2015190101	2230060	230023	南区3号楼201教室	周四第一大节

图 5.1　开课信息报表

图 5.2　“另存为”对话框

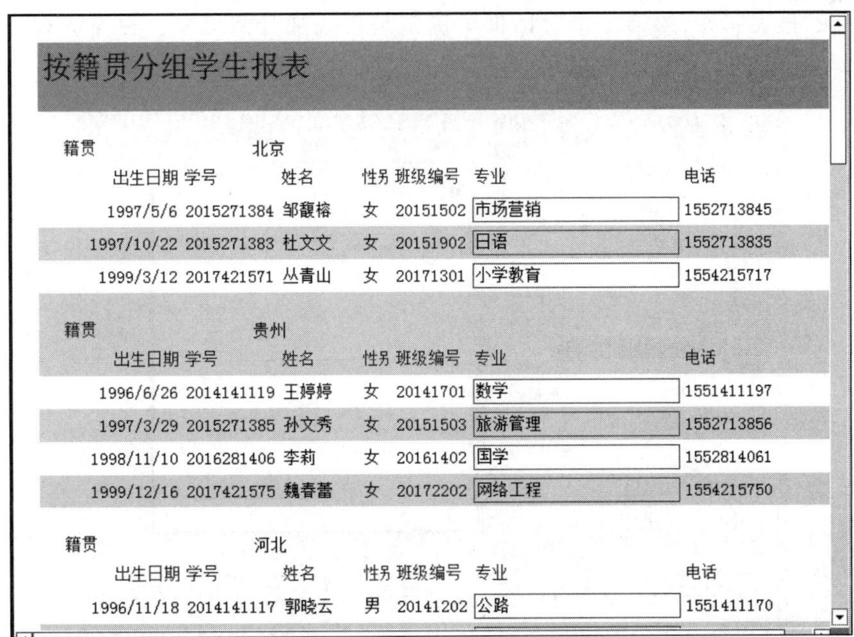

按籍贯分组学生报表

籍贯　北京

出生日期	学号	姓名	性别	班级编号	专业	电话
1997/5/6	2015271384	邹馥榕	女	20151502	市场营销	1552713845
1997/10/22	2015271383	杜文文	女	20151902	日语	1552713835
1999/3/12	2017421571	丛青山	女	20171301	小学教育	1554215717

籍贯　贵州

出生日期	学号	姓名	性别	班级编号	专业	电话
1996/6/26	2014141119	王婷婷	女	20141701	数学	1551411197
1997/3/29	2015271385	孙文秀	女	20151503	旅游管理	1552713856
1998/11/10	2016281406	李莉	女	20161402	国学	1552814061
1999/12/16	2017421575	魏春蕾	女	20172202	网络工程	1554215750

籍贯　河北

出生日期	学号	姓名	性别	班级编号	专业	电话
1996/11/18	2014141117	郭晓云	男	20141202	公路	1551411170

图 5.3　按籍贯分组学生报表

2. 实验步骤

(1) 打开“学生信息管理.accdb”数据库，切换到“创建”选项卡，单击“报表”组中的“报表向导”按钮，打开报表向导对话框。

(2) 在如图5.4所示的“报表向导”第一个对话框中设置报表上使用的字段。在“表/查询”下拉列表中选择“表：学生”，在“可用字段”列表框中选择字段“学号”“姓名”“性别”“出生日期”“籍贯”“班级编号”“专业”和“电话”；单击“下一步”按钮，出现“报表向导”第二个对话框。

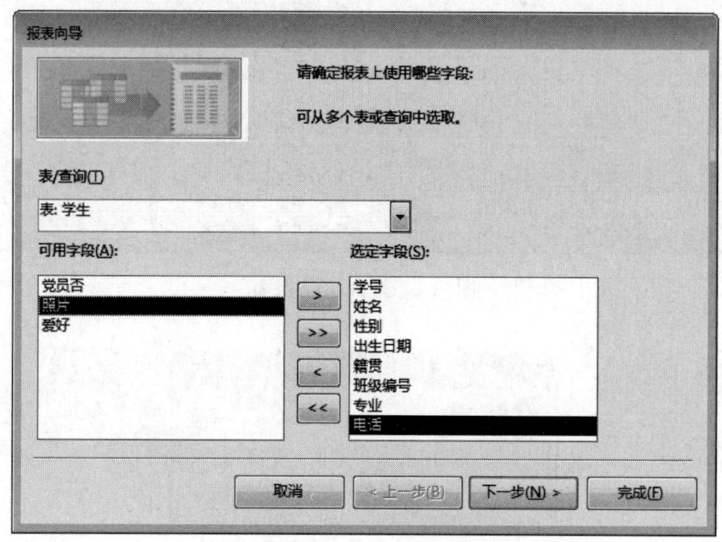

图5.4 选取报表上使用的字段

(3) 在“报表向导”的第二个对话框中确定是否添加分组级别。在左侧列表中选择“籍贯”，单击[>]按钮，如图5.5所示，然后单击“下一步”按钮。

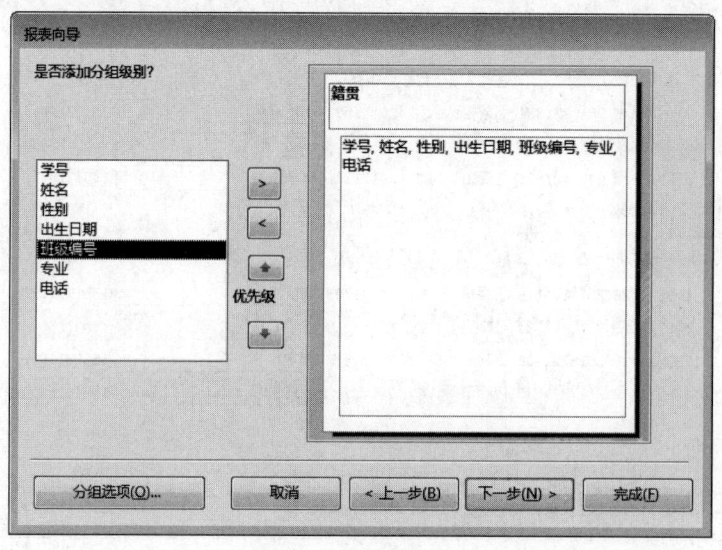

图5.5 添加分组级别

（4）在“报表向导”的第三个对话框中设置排序字段。在如图5.6所示对话框中选取“出生日期”字段、按升序排序，然后单击“下一步”按钮。

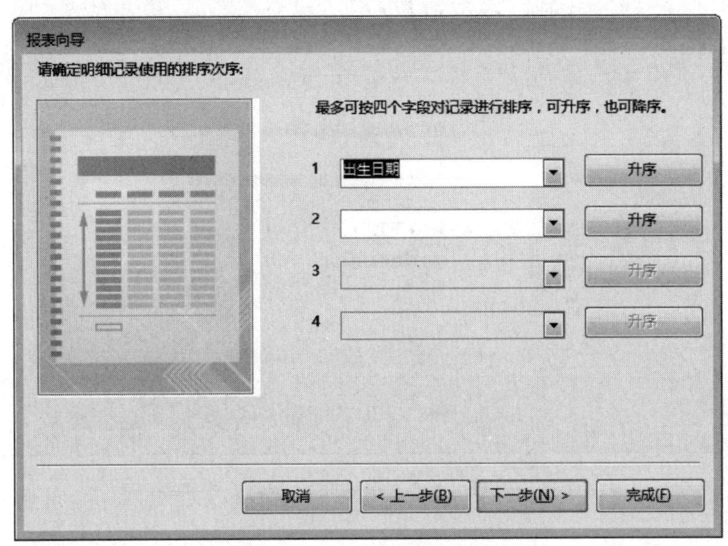

图 5.6　设置记录的排列次序

（5）在“报表向导”的第四个对话框中确定报表的布局方式。在如图5.7所示的对话框中，单击“大纲”单选按钮，方向“纵向”，然后单击“下一步”按钮。

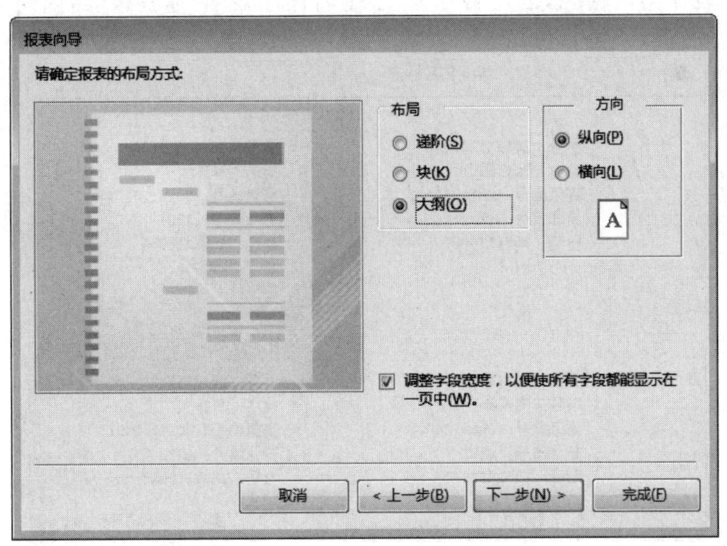

图 5.7　设置报表的布局方式

（6）在“报表向导”的最后一个对话框中确定报表的标题。在如图5.8所示的对话框中，输入“按籍贯分组学生报表”作为报表的标题，选择“预览报表”，然后单击“完成”按钮，出现如图5.3所示的效果图。

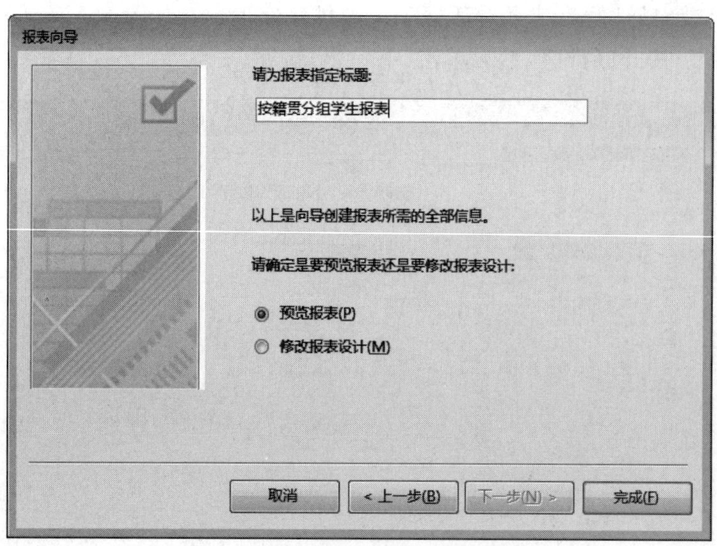

图 5.8　为报表指定标题

实验 5-3　使用报表标签向导创建报表

1. 实验要求

以“学生”表作为数据源，创建名称为“学生名片标签”的标签报表，如图 5.9 所示。

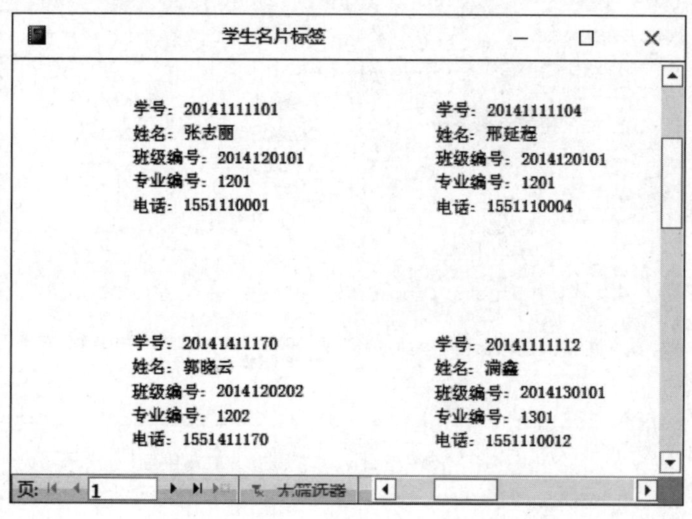

图 5.9　标签报表

2. 实验步骤

(1) 打开“学生信息管理.accdb”数据库，在“所有 Access 对象”导航窗格的“表”组中，选择“学生”表。切换到“创建”选项卡，单击“报表”组中的“标签”按钮，打开“标签向导”对话框。

(2) 在如图 5.10 所示的“标签向导”第一个对话框中可以设置“标签尺寸”“度量单位”及“厂商”，也可以自定义标签的大小，然后单击“下一步”按钮。

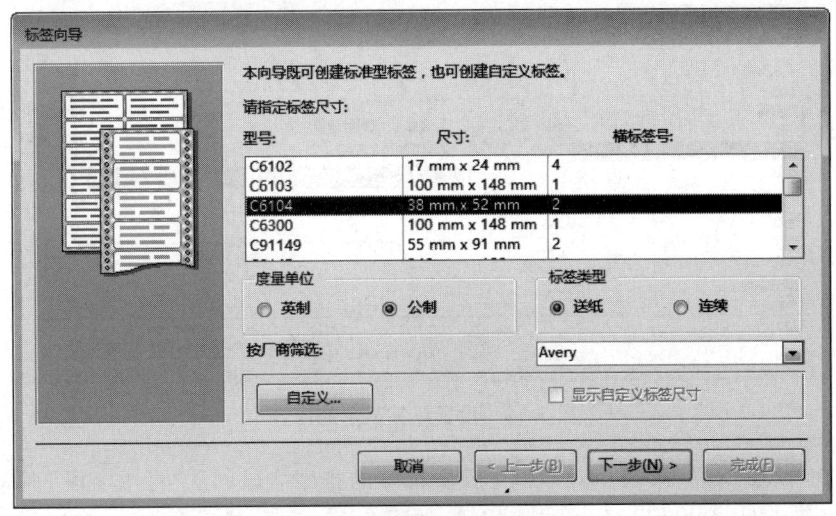

图 5.10 确定标签的尺寸

(3) 在“标签向导”第二个对话框中设置文本的字体和颜色。选择“字体”为“宋体”，“字号”为“9”，“字体粗细”为“正常”，如图 5.11 所示，然后单击“下一步”按钮。

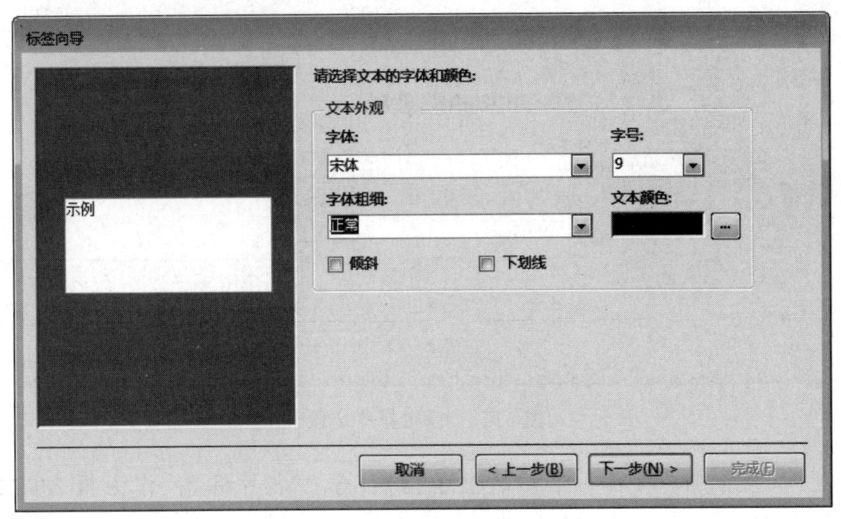

图 5.11 设置标签文本的样式

(4) 在“标签向导”第三个对话框中设置标签显示的内容。将“原型标签”列表框中的光标定位到要输入的位置，从键盘输入“学号：”；再在左侧的“可用字段”列表框中双击“学号”字段，将其添加到“原型标签”列表框中；然后按回车键，光标另起一行。同样的方法，按照如图 5.12 所示设置标签中的其他文本和字段。单击“下一步”按钮。

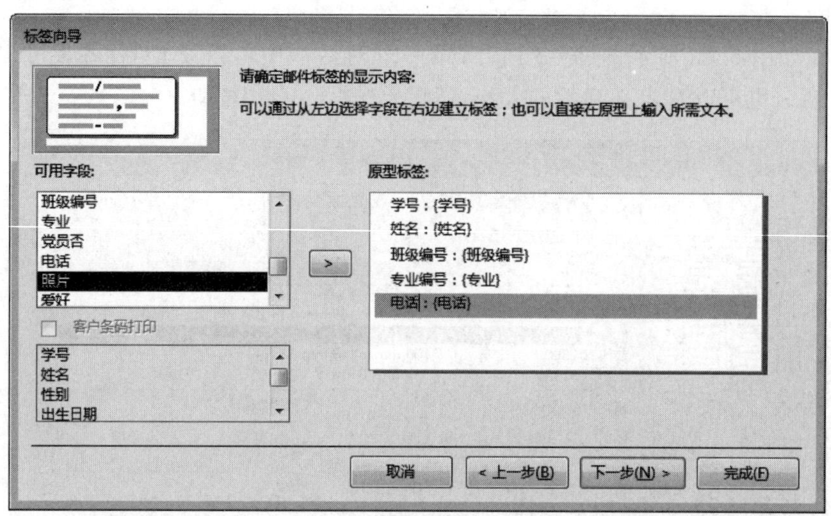

图 5.12　设置标签显示的内容

(5) 在"标签向导"第四个对话框中设置标签的排序字段。从"可用字段"列表框中依次双击"班级编号"和"学号"作为排序字段，如图 5.13 所示，然后单击下一步。

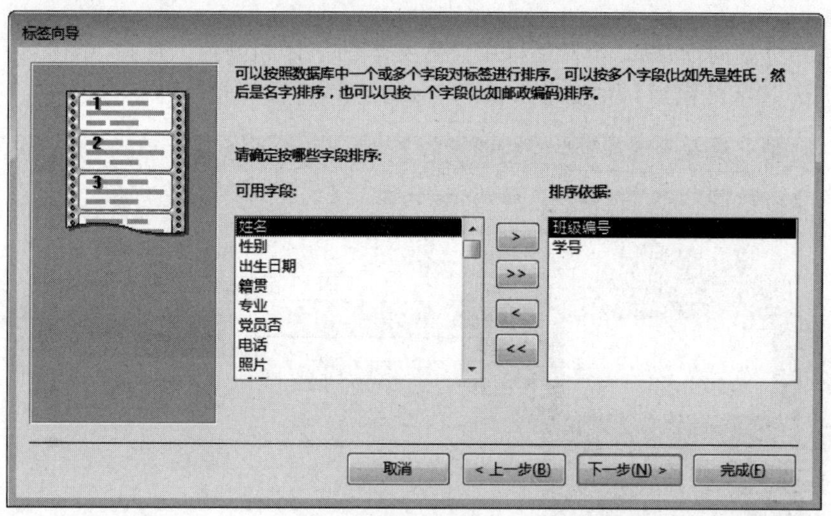

图 5.13　设置排序字段

(6) 在"标签向导"最后一个对话框中指定"学生名片标签"作为报表的名称，如图 5.14 所示，然后单击"完成"按钮，效果如图 5.9 所示。

实验 5-4　使用空白报表工具创建报表

1. 实验要求

以"教师"表和"开课信息"表作为数据源，使用"空报表"工具创建报表"教师开课信息"，如图 5.15 所示，记录按"教师编号"升序排列。

图 5.14 指定报表的名称

教师开课信息

教师编号	姓名	班级编号	课程编号	上课地点	上课时间
110035	酉志梅	2015170202	1211170	北区8号楼104教室	周一第三大节
120008	王守海	2015230303	2235160	南区3号楼202教室	周四第一大节
120008	王守海	2014140101	2235160	南区3号楼208教室	周五第一大节
120019	陈海涛	2017230202	4190011	北区8号楼109教室	周三第二大节
120019	陈海涛	2015220404	4190011	北区8号楼103教室	周一第二大节
120022	史玉晓	2015220202	3210100	北区8号楼209教室	周二第三大节
130004	李菲菲	2015150505	2235160	南区3号楼210教室	周四第一大节
130004	李菲菲	2014190101	2235160	南区3号楼204教室	周四第二大节
140048	刁秀库	2015220303	1211170	北区8号楼112教室	周一第三大节
140110	吴坤	2014170101	2235160	南区3号楼212教室	周四第一大节
140110	吴坤	2014150101	2235160	南区3号楼206教室	周四第二大节
140121	侯静静	2015230202	3210100	北区8号楼204教室	周二第三大节

图 5.15 “教师开课信息”报表

2. 实验步骤

(1) 打开“学生信息管理. accdb”数据库,切换到“创建”选项卡,单击“报表”组中的“空报表”按钮,打开如图 5.16 所示的空报表及字段列表。

(2) 单击“字段列表”中的“显示所有表”链接,此时在“字段列表”中显示当前数据库中的所有数据表,如图 5.17 所示,单击“教师”表左侧的“+”号,展开该表的所有字段。

(3) 拖动“教师”表中的“教师编号”和“姓名”字段到空报表中,双击“开课信息”表的“班级编号”“课程编号”“上课地点”和“上课时间”字段添加到空报表中,如图 5.18 所示。

(4) 鼠标拖动“上课地点”单元格的右边框,调整“上课地点”列的列宽,用同样的方法调整其他列的列宽。

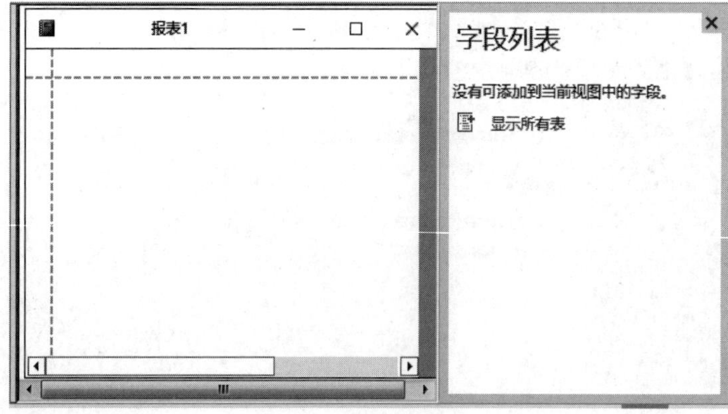

报表1
字段列表
没有可添加到当前视图中的字段。
显示所有表

图 5.16　空报表

字段列表
仅显示当前记录源中的字段
其他表中的可用字段:
教师
编辑表
教师编号
姓名
性别
出生日期
政治面貌
学历
职称
所属院系
电子邮件
照片
开课信息
编辑表
课程成绩
编辑表
课程名称
编辑表
课程名称备份
编辑表

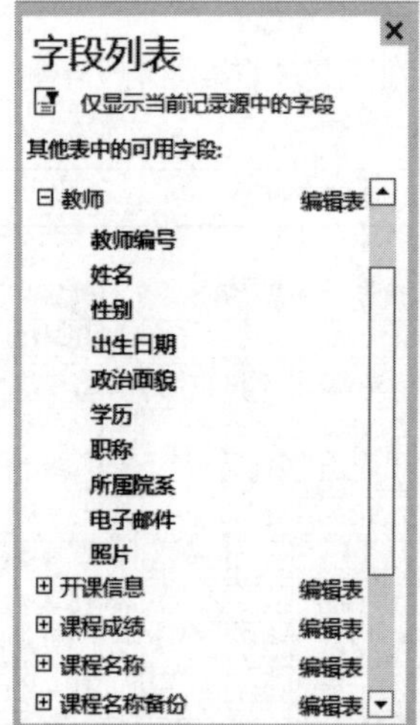

图 5.17　数据库的字段列表

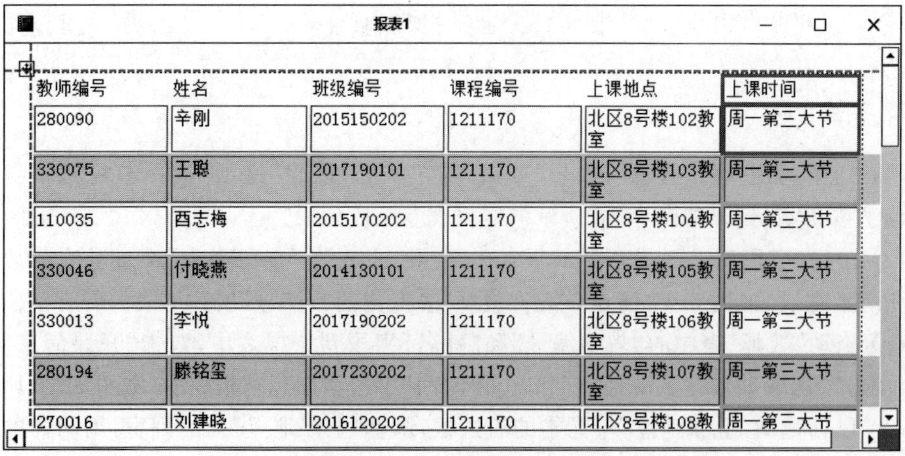

报表1
教师编号
姓名
班级编号
课程编号
上课地点
上课时间
280090
辛刚
2015150202
1211170
北区8号楼102教室
周一第三大节
330075
王聪
2017190101
1211170
北区8号楼103教室
周一第三大节
110035
酉志梅
2015170202
1211170
北区8号楼104教室
周一第三大节
330046
付晓燕
2014130101
1211170
北区8号楼105教室
周一第三大节
330013
李悦
2017190202
1211170
北区8号楼106教室
周一第三大节
280194
滕铭玺
2017230202
1211170
北区8号楼107教室
周一第三大节
270016
刘建晓
2016120202
1211170
北区8号楼108教
周一第三大节

图 5.18　添加字段后的报表

(5) 切换到“报表布局工具|设计”选项卡，单击“分组和汇总”组中的“分组和排序”按钮，此时会在报表下方出现“分组、排序和汇总”窗格，如图 5.19 所示。

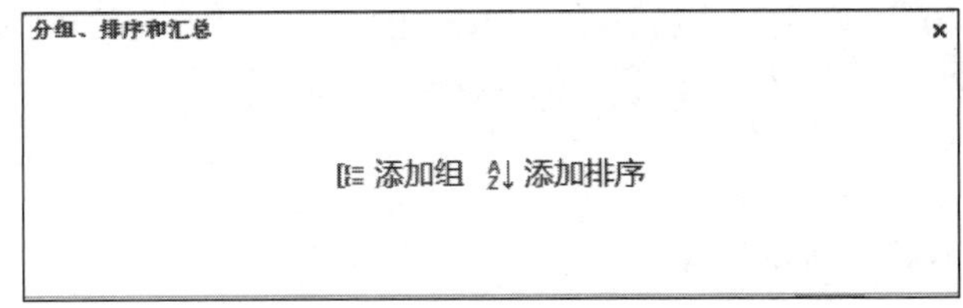

图 5.19 “分组、排序和汇总”窗格

(6) 单击“添加排序”按钮，打开字段列表，选择“教师编号”选项；在排序列表中选择“升序”选项，如图 5.20 所示。

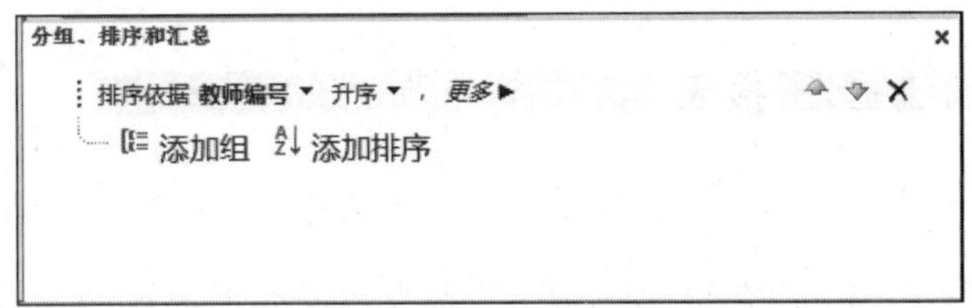

图 5.20 设置分组和排序

(7)单击快速访问工具栏中的“保存”按钮，保存报表名为“教师开课信息”。切换到报表视图，报表效果如图 5.15 所示。

5.1.3 实验练习

(1) 使用报表工具，以“借阅登记表”的所有字段为数据源创建名为“借阅登记报表”的表格式报表。

(2) 使用报表向导，以“类别表”和“图书书目”创建名为“图书类别与书目报表”，要求如下。

① 显示的字段：“类别表”的“类别名称”字段；“图书书目表”的“图书编号”“图书名称”“作者”“定价”“是否借出”字段。

② 通过“类别表”查看数据。

③ 按照“图书编号”升序排列，汇总“定价”，显示“明细和汇总”。

④ 布局采用“递阶”，方向为“纵向”。

(3) 创建“借书证”标签报表，内容如图 5.21 所示。

图 5.21 “借书证”标签报表

5.2 报表的设计

5.2.1 实验目的

（1）掌握主/子报表的创建

（2）掌握报表中数据的排序和分组。

（3）掌握报表中数据的计算。

（4）掌握报表中页眉和页脚的设置。

5.2.2 实验内容

实验 5-5 创建主/子报表

1. 实验要求

以“学生”表、“课程名称”表和“课程成绩”表为数据源创建如图 5.22 所示的主/子报表，要求如下。

（1）主报表的数据：“学生”表的“学号”和“姓名”。

（2）子报表的数据：“课程成绩”表的“学号”“课程编号”“平时成绩”和“考试成绩”，“课程名称”表的“课程名称”。

学生成绩主报表

20141111101 张志丽

学号	课程编号	课程名称	平时成绩	考试成绩
20141111101	2190012	高等数学A(2)	68	79
20141111101	2190013	高等数学A(3)	77	73
20141111101	3210100	综合艺术	58	91
20141111101	2190011	高等数学A(1)	81	58

20141111104 邢延程

学号	课程编号	课程名称	平时成绩	考试成绩
20141111104	1211170	自然辩证法	89	57
20141111104	2190011	高等数学A(1)	71	78
20141111104	2190012	高等数学A(2)	93	84
20141111104	2190013	高等数学A(3)	61	87

图 5.22 主/子报表

2. 操作步骤

(1) 创建作为子报表的报表。

① 打开“学生信息管理.accdb”数据库，切换到“创建”选项卡，单击“报表”组中的“空报表”按钮，打开如图 5.23 所示的空报表及字段列表。

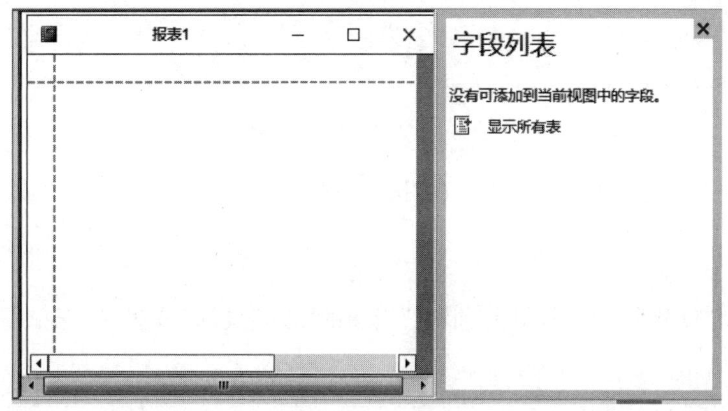

图 5.23 空报表

② 单击“字段列表”中的“显示所有表”链接，此时在“字段列表”中显示当前数据库中的所有数据表。单击“课程成绩”表左侧的“+”号，展开该表的所有字段，双击“课程成绩”表中的“学号”和“课程编号”字段添加到空报表中。单击“课程名称”表左侧的“+”号，展开该表的所有字段，双击“课程名称”字段添加到空报表中。双击“课程成绩”表中的“平时成绩”和“考试成绩”字段添加到空报表中。如图 5.24 所示。

报表1

学号	课程编号	课程名称	平时成绩	考试成绩
20141111104	1211170	自然辩证法	89	57
20141111112	1211170	自然辩证法	62	92
20152713800	1211170	自然辩证法	72	55
20152713812	1211170	自然辩证法	77	64
20152713844	1211170	自然辩证法	67	66
20152713845	1211170	自然辩证法	86	56
20162814148	1211170	自然辩证法	74	73
20163114522	1211170	自然辩证法	77	76

图 5.24 布局视图

③ 切换到设计视图，右击主体节，从快捷菜单中选择“报表页眉/页脚”命令，添加报表页眉和报表页脚，将页面页眉节中的所有标签剪切到报表页眉中，并调整报表页脚节的高度。右击主体节，从快捷菜单中选择“页面页眉/页脚”命令，取消页面页眉和页面页脚节。如图 5.25 所示。

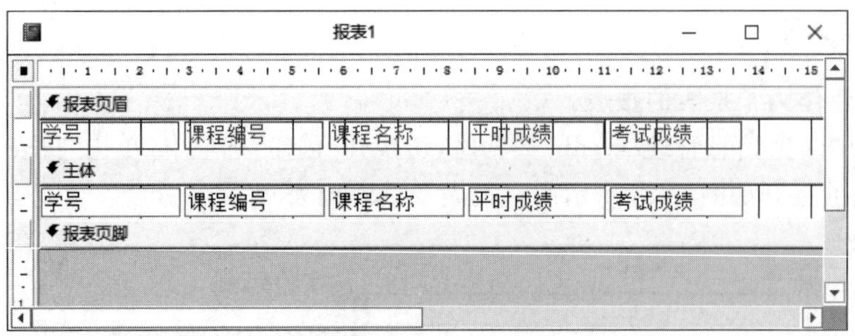

图 5.25　子报表的设计视图

④ 单击快速访问工具栏中的“保存”按钮，保存报表，并命名为“课程成绩子报表”，关闭该报表。

(2) 创建主报表。

① 切换到“创建”选项卡，单击“报表”组中的“报表设计”按钮，打开如图 5.26 所示的空报表。

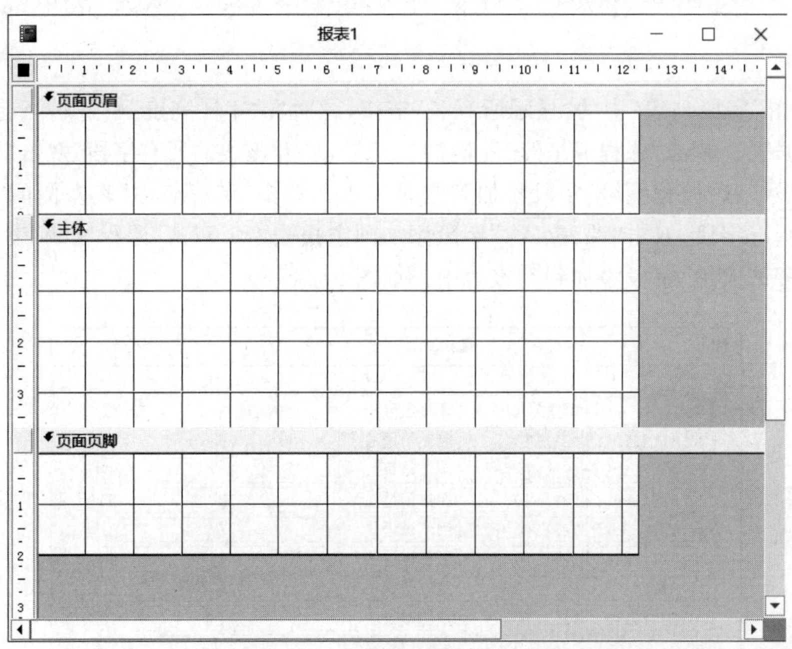

图 5.26　设计视图空报表

② 右击主体节，从快捷菜单中选择“页面页眉/页脚”命令，取消页面页眉和页面页脚节。单击“报表设计工具|设计”选项卡“工具”组中的“属性表”按钮，打开“属性表”窗格。从窗格上方的名称列表中选择“报表”对象，单击“数据”选项卡，在“记录源”属性下拉列表中选择“学生”表，如图 5.27 所示。

③ 单击“工具”组中的“添加现有字段”按钮，在“字段列表”窗格中显示“学生”表的所有字段，如图 5.28 所示。

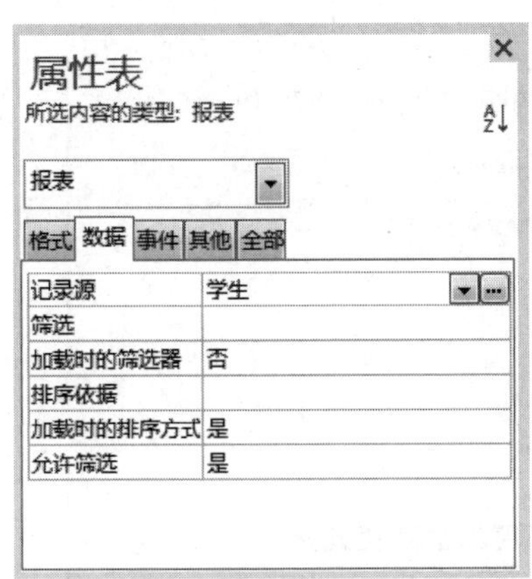

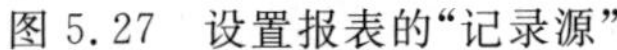
图 5.27 设置报表的“记录源”

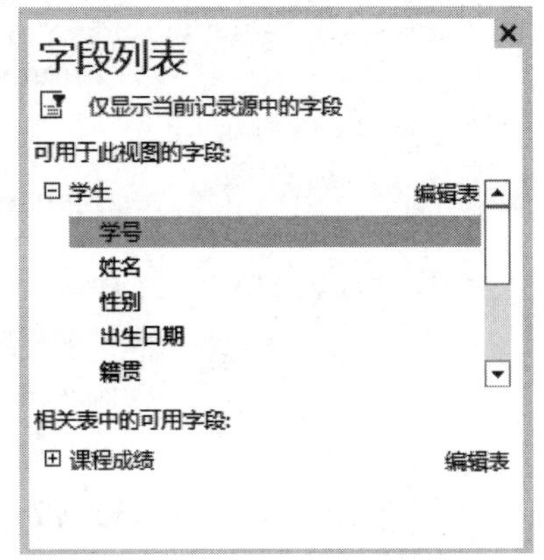

图 5.28 “学生”表字段列表

④ 按住鼠标左键从字段列表中拖动“学号”字段到报表主体节中，此时自动出现附加的标签及绑定到数据源的文本框，删除“学号”标签。用同样的方法将“姓名”字段拖到报表主体中，如图 5.29 所示。将“学号”和“姓名”文本框控件的“边框样式”属性设置为“透明”，将“报表”的“滚动条”属性设置为“两者均无”。

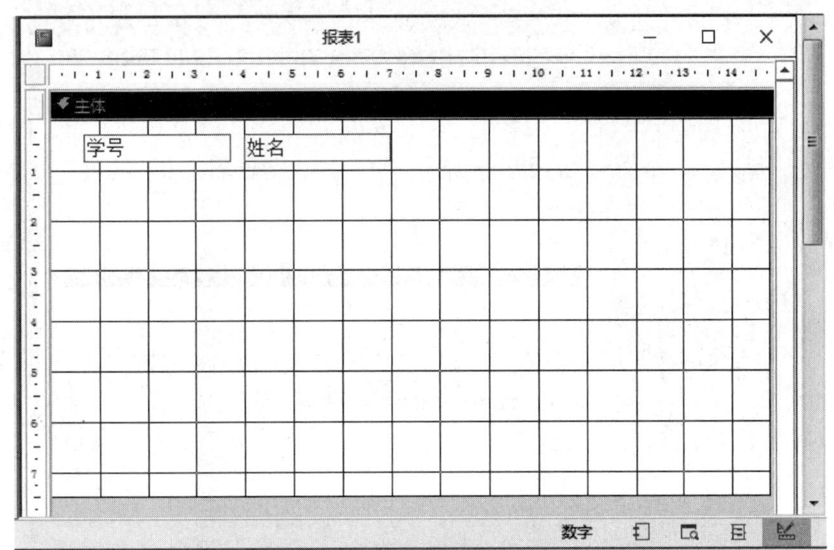

图 5.29 主报表设计视图

⑤ 单击快速访问工具栏中的“保存”按钮，保存报表并命名为“学生成绩主报表”。

(3) 在主报表中添加“子窗体/子报表”控件。

① 切换到“学生成绩主报表”的设计视图，调整主体节区域大小，单击“控件”组中的“子窗体/子报表”控件按钮，在主体节按住鼠标左键并拖动，释放鼠标左键后，弹出“子报表向导”对话框，选择“使用现有的报表和窗体”单选按钮，并在列表中选择“课程成绩子报表”，如图 5.30 所示。

② 单击“下一步”按钮，打开如图 5.31 所示的对话框，使用默认设置。

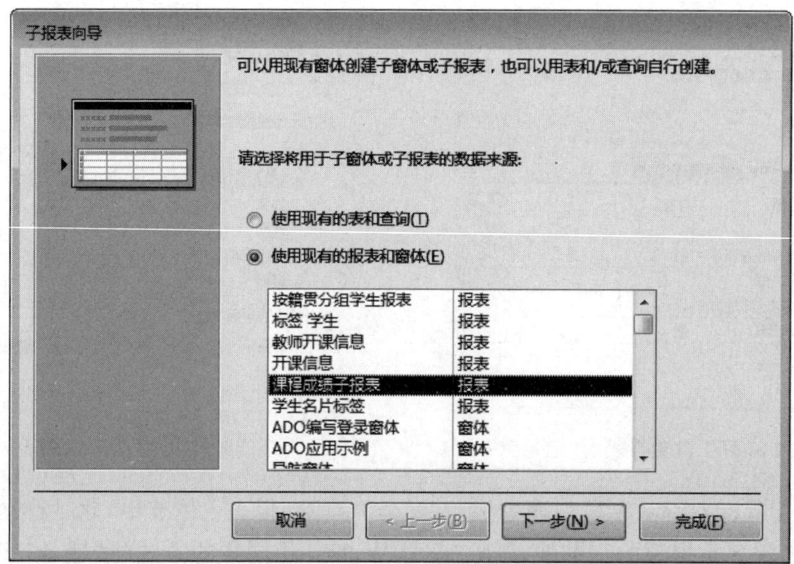

图 5.30　选择子报表数据源

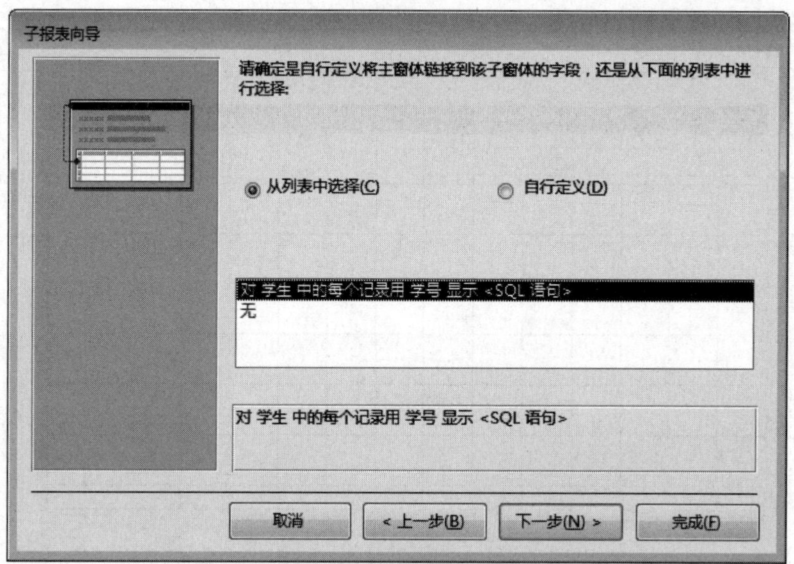

图 5.31　选择链接字段

③ 单击“下一步”按钮，打开如图 5.32 所示的对话框，在“请指定子窗体或子报表的名称”文本框中输入“课程成绩子报表”。

④ 单击“完成”按钮，完成主/子报表的创建。切换到设计视图，删除标签“课程成绩子报表”，报表的设计视图如图 5.33 所示。

⑤ 切换到“报表视图”，查看报表的效果，如图 5.22 所示。

⑥ 单击快速访问工具栏中的“保存”按钮，保存报表。

图 5.32　设置子报表的名称

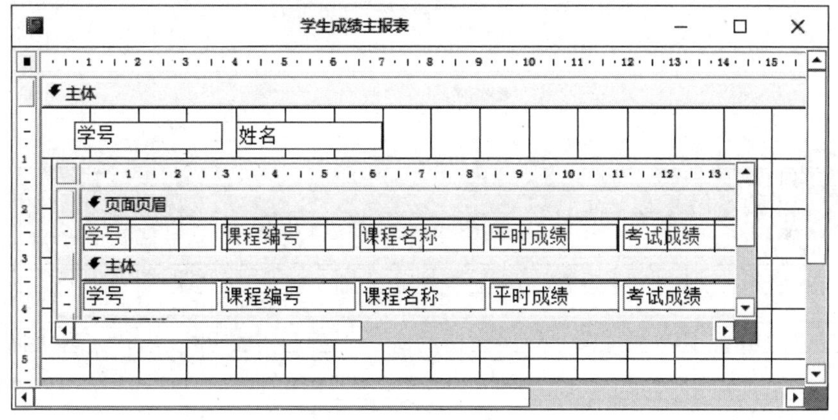

图 5.33　主/子报表设计视图

实验 5-6　报表数据的分组和计算

1. 实验要求

创建“教师职称”报表，统计每类职称的人数，如图 5.34 所示。

2. 操作步骤

(1) 以“教师”表为数据源，利用报表向导创建如图 5.35 所示报表。

(2) 单击“报表设计工具|设计”选项卡“分组和汇总”组中的“分组和排序”按钮，此时会在报表设计视图下方显示“分组、排序和汇总”窗格，如图 5.36 所示。

教师职称

助教 5人

教师编号	姓名	性别	出生日期	政治面貌	学历
120026	孙开晖	女	1965/7/28	中共党员	研究生
230075	高明	男	1964/7/20	中共党员	大学本科
280078	胡燕	女	1969/7/18	中共党员	大学本科
320016	赵迎庆	男	1980/9/10	中共党员	研究生
450496	丁兴	男	1975/8/20	中共党员	大学本科

教授 20人

教师编号	姓名	性别	出生日期	政治面貌	学历
120008	王守海	男	1962/11/27	中共党员	研究生
140048	刁秀库	男	1977/8/8		大学本科
140088	高尧尧	男	1976/4/11		大学本科
210040	陈东慧	女	1974/12/22		研究生
230049	李林玉	女	1963/4/8	中共党员	研究生
240047	李伟敏	女	1978/12/16		研究生

图 5.34 “教师职称”分组报表

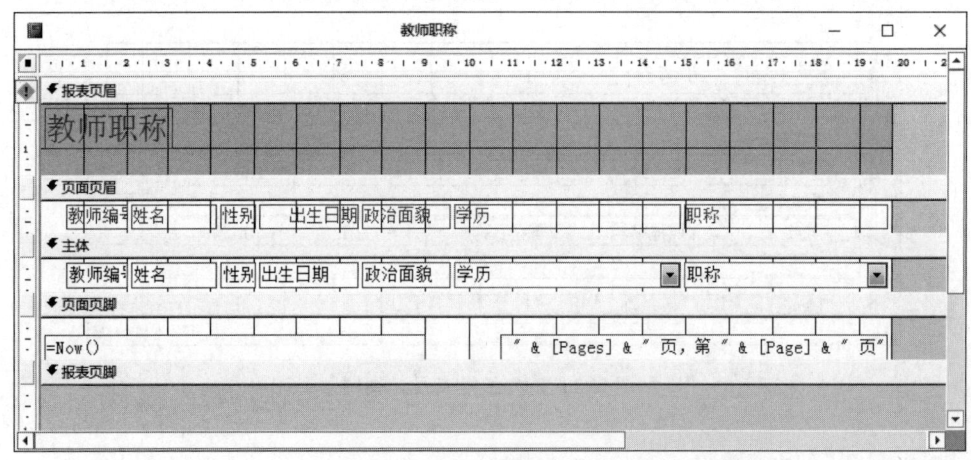

图 5.35 “教师职称”简单报表

分组、排序和汇总

添加组 添加排序

图 5.36 “分组、排序和汇总”窗格

(3) 单击“添加组”按钮，打开字段列表，选择“职称”选项；单击“添加排序”按钮，选择“降序”选项。如图 5.37 所示。

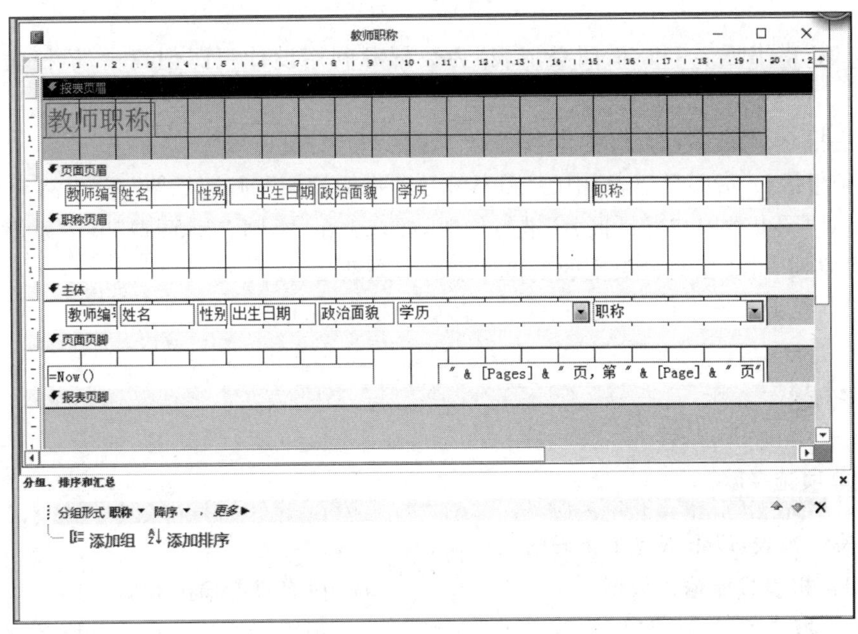

图 5.37 设置分组和排序

(4) 将页面页眉节上的所有控件剪切到职称页眉节中，将主体节中的“职称”组合框控件剪切到职称页眉节中，并在职称页眉节中添加文本框控件，文本框的控件来源属性为“=count([教师编号])&"人"”。调整职称页眉节上的控件的位置如图 5.38 所示。右击主体节，在快捷菜单中选择“页面页眉/页脚”命令，删除页面页眉和页面页脚节。在报表页脚节添加文本框控件，文本框的控见来源属性为“="共" & Count([教师编号]) & "人"”。如图 5.38 所示。将报表上所有控件的“边框样式”属性设置为“透明”。

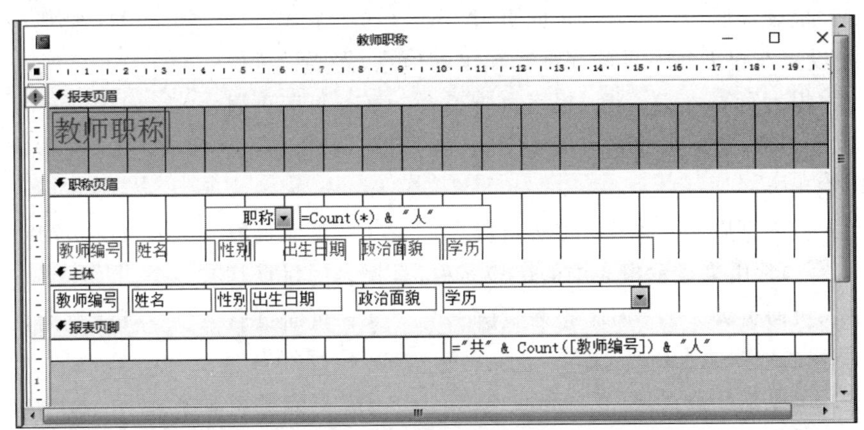

图 5.38 分组页眉节的控件

(5) 单击快速访问工具栏中的“保存”按钮，保存报表的设计。

5.2.3 实验练习

(1) 以“借书证表”和“借阅登记表”为数据源利用设计视图创建主/子报表。要求如下。

① 主报表:“借书证表”的“借书证号”“姓名”和“身份证号”。

② 子报表:“借阅登记表”中的“图书编号”“借阅日期”“归还日期”和“借阅天数”。

(2) 对“图书类别与书目报表”进行修改,要求:在“类别名称页脚”节中添加一个文本框计算字段,计算出每种类别的书籍外借的书籍数目。

提示:在文本框中输入=Sum(IIf([是否借出],1,0))。

5.3 习题

一、单项选择题

1. 关于报表,以下叙述中正确的是(　　)。

A. 报表只能输入数据　　B. 报表只能输出数据
C. 报表可以输入和输出数据　　D. 报表不能输入和输出数据

2. (　　)报表(也称为窗体报表),一般是在一页的主体节内以垂直方式显示一条或多条记录。这种报表可以显示一条记录的区域,也可以同时显示多条记录的区域,甚至包括合计。

A. 纵栏式　　B. 表格式　　C. 标签式　　D. 图表式

3. 如果要制作一个公司员工的名片,应该使用(　　)报表。

A. 纵栏式　　B. 图表式　　C. 表格式　　D. 标签式

4. 以下哪个不是报表组成部分(　　)。

A. 报表页眉　　B. 页面页眉　　C. 主体　　D. 宏观

5. 要设置在报表每一页的底部都输出的信息,需要设置(　　)。

A. 报表页眉　　B. 报表页脚　　C. 页面页眉　　D. 页面页脚

6. (　　)节,常用来放置有关整个报表的信息,且每份报表只有一个,在报表的首页头部打印输出。

A. 报表页眉　　B. 报表页脚　　C. 页面页眉　　D. 页面页脚

7. (　　)常用来显示报表中的字段名称,且报表的每页都有一个。

A. 页面页脚　　B. 报表页脚　　C. 页面页眉　　D. 页面页脚

8. 报表的数据源是(　　)。

A. 可以是任意对象　　B. 只能是表对象
C. 只能是查询对象　　D. 只能是表对象或查询对象

9. 用于实现报表的分组统计数据的操作区间是(　　)。

A. 报表的主体区域　　B. 页面页眉或页面页脚区域

C. 报表页眉或报表页脚区域　　D. 组页眉或组页脚区域

10. Access 2016 的报表操作提供了 4 种视图，下面不属于报表操作视图的是(　　)。
   A. 设计视图　　B. 打印预览
   C. 报表视图　　D. 版面预览视图

11. 设置报表的属性，需要在(　　)下操作。
   A. 设计视图　　B. 打印预览
   C. 报表视图　　D. 布局视图

12. 使用报表向导设计报表时，无法设置(　　)。
   A. 在报表中显示字段　　B. 记录排序次序
   C. 报表布局　　D. 在报表中显示日期

13. 为报表指定数据来源之后，在报表设计窗口中，从(　　)中取出数据源的字段。
   A. 属性表　　B. 工具箱　　C. 自动格式　　D. 字段列表

14. 报表设计视图中的(　　)按钮是窗体的设计视图工具栏中没有的。
   A. 代码　　B. 字段列表　　C. 工具箱　　D. 分组和排序

15. 在报表设计中，以下控件中可以做绑定控件显示普通字段数据的是(　　)。
   A. 文本框　　B. 标签　　C. 命令按钮　　D. 图像

16. 用户在输出报表时，需要把同类属性的记录排列在一起的操作称为(　　)。
   A. 分组　　B. 排序　　C. 合计　　D. 筛选

17. 要使打印的报表每页显示 3 列记录，应在(　　)中设置。
   A. 属性表　　B. 页面设置　　C. 工具箱　　D. 排序与分组

18. 报表标题的字体大小、颜色可以使用(　　)设置。
   A. 格式菜单　　B. 快捷菜单
   C. 编辑菜单　　D. 属性窗口

19. 最常用的计算控件是(　　)。
   A. 命令按钮　　B. 组合框　　C. 列表框　　D. 文本框

20. 要实现报表按某字段分组统计输出，需要设置(　　)。
   A. 报表页脚　　B. 页面页脚
   C. 该字段组页脚/页眉　　D. 主体

二、填空题

1. 自动创建报表的数据源可以是数据库中的表或查询，但一般都是基于单个数据源，如果要创建基于多个表或查询的数据，那么需要首先创建一个________，再根据________来创建报表。

2. 默认情况下，报表中的记录是按照________的先后排列的，即按照记录的物理顺序排列。

3. ________主要用于对数据库中的数据进行分组计算、汇总和打印输出。

4. 报表数据的输出不可缺少的部分是________。

5. 报表要实现排序和分组统计操作，应通过工具栏上的________按钮来进行。

6. 在设计分组报表时，在________节添加组标题，________节显示字段的数据值，________节用来进行数据汇总。

7. 报表数据源可以是________和________。

三、简答题

1. 什么是报表？报表和窗体有何不同？
2. 报表的主要功能有哪些？
3. 报表由哪几节构成？每节有什么特点？
4. 标签报表有什么作用？如何创建标签式报表？
5. 如何设置报表的分组及排序？
6. 在报表页脚和组页脚中使用计算控件与在主体节中使用计算型控件有什么不同？

5.4 参考答案

一、单项选择题

1. B	2. A	3. D	4. D	5. D	6. A
7. C	8. D	9. D	10. C	11. A	12. D
13. D	14. D	15. A	16. A	17. B	18. D
19. D	20. C				

二、填空题

1. 查询 查询
2. 输入
3. 报表
4. 主体
5. 分组和排序
6. 组页眉、主体、组页脚
7. 表　查询

三、简答题

略

第6章　宏

6.1　宏的设计

6.1.1　实验目的

(1) 理解宏的概念、作用及分类。

(2) 熟悉常用宏操作命令的使用。

(3) 掌握操作序列宏、条件宏、宏组的创建。

(4) 掌握宏的运行方法。

(5) 掌握宏与窗体控件之间的关系。

(6) 能够运用宏创建数据库应用系统菜单。

6.1.2　实验内容

实验6-1　操作序列宏的创建

1. 实验要求

创建名为"操作序列宏"的宏。运行该宏时,扬声器先发"嘟嘟"声,然后以编辑模式打开"教师"表。

2. 实验步骤

(1) 单击"创建"选项卡"宏与代码"组中的"宏"按钮,系统自动创建名为"宏 1"的宏,同时打开宏设计视图。

(2) 在"添加新操作"下拉列表框中选择 Beep 操作。

(3) 在"添加新操作"下拉列表框中选择 OpenTable 操作命令,并将参数的值设置为如图 6.1 所示。

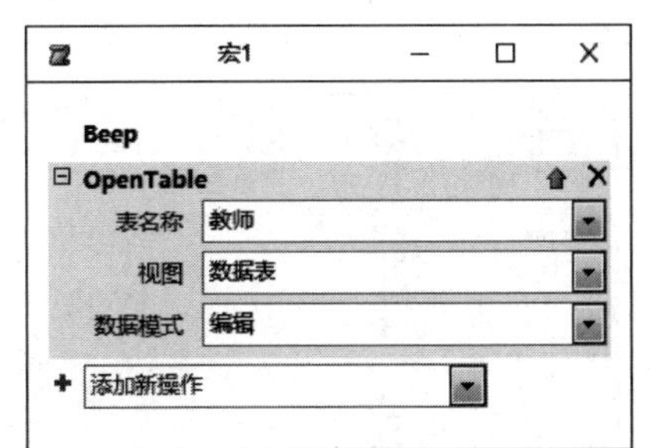

图 6.1　创建操作序列宏

(4) 保存宏。单击快速访问工具栏上的"保存"按钮,在弹出的"另存为"对话框中输入宏名称"操作序列宏",然后单击"确定"按钮。

(5) 单击"宏工具|设计"选项卡"工具"组中的"运行"按钮,查看宏运行的结果。

实验 6-2　条件宏的创建

1. 实验要求

创建名为"条件宏"的宏。运行该宏，要求打开如图 6.2 所示"教师信息"窗体，查找"职称"为图 6.3 所示窗体"zhch"文本框中输入的值的教师信息(例如，当输入"教授"并按回车键，将显示内容如图 6.4 所示的"教师信息"窗体)。若输入的"职称"为空(即"zhch"文本框的值为空)，将弹出提示信息为"请输入教师职称!"的信息提示框，如图 6.5 所示。

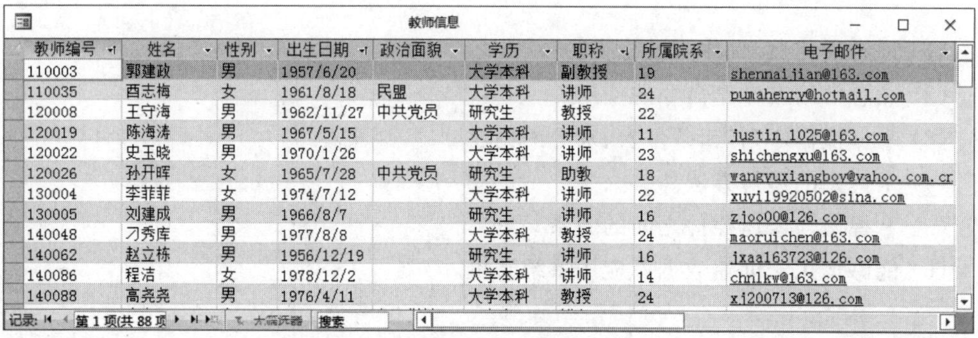

教师信息

教师编号	姓名	性别	出生日期	政治面貌	学历	职称	所属院系	电子邮件
110003	郭建政	男	1957/6/20		大学本科	副教授	19	shennaijian@163.com
110035	酉志梅	女	1961/8/18	民盟	大学本科	讲师	24	pumahenry@hotmail.com
120008	王守海	男	1962/11/27	中共党员	研究生	教授	22	
120019	陈海涛	男	1967/5/15		大学本科	讲师	11	justin 1025@163.com
120022	史玉晓	男	1970/1/26		大学本科	讲师	23	shichengxu@163.com
120026	孙开晖	女	1965/7/28	中共党员	研究生	助教	18	wangyuxiangboy@yahoo.com.cr
130004	李菲菲	女	1974/7/12		大学本科	讲师	22	xuyi19920502@sina.com
130005	刘建成	男	1966/8/7		研究生	讲师	16	zjoo00@126.com
140048	刁秀库	男	1977/8/8		大学本科	教授	24	maoruichen@163.com
140062	赵立栋	男	1956/12/19		研究生	讲师	16	jxaa163723@126.com
140086	程洁	女	1978/12/2		大学本科	讲师	14	chnlkw@163.com
140088	高尧尧	男	1976/4/11		大学本科	教授	24	xj200713@126.com

记录: 第 1 项(共 88 项　搜索

图 6.2　"教师信息"窗体

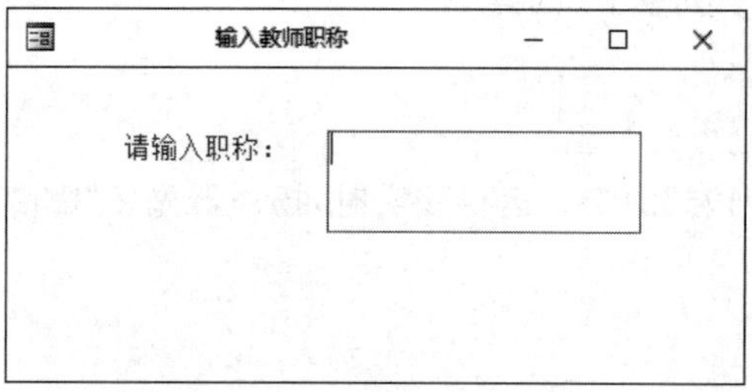

输入教师职称

请输入职称：

图 6.3　"输入教师职称"窗体

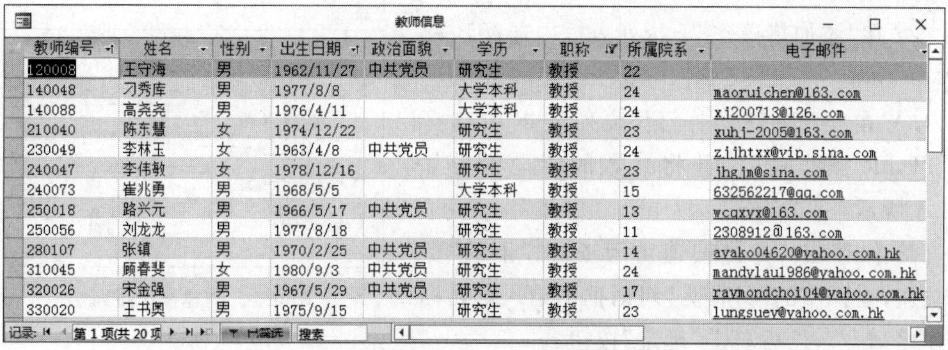

教师信息

教师编号	姓名	性别	出生日期	政治面貌	学历	职称	所属院系	电子邮件
120008	王守海	男	1962/11/27	中共党员	研究生	教授	22	
140048	刁秀库	男	1977/8/8		大学本科	教授	24	maoruichen@163.com
140088	高尧尧	男	1976/4/11		大学本科	教授	24	xj200713@126.com
210040	陈东慧	女	1974/12/22		研究生	教授	23	xuhj-2005@163.com
230049	李林玉	女	1963/4/8	中共党员	研究生	教授	24	zjjhtxx@vip.sina.com
240047	李伟敏	女	1978/12/16		研究生	教授	23	jhgjm@sina.com
240073	崔兆勇	男	1968/5/5		大学本科	教授	15	632562217@qq.com
250018	路兴元	男	1966/5/17	中共党员	研究生	教授	13	wcqxyx@163.com
250056	刘龙龙	男	1977/8/18		研究生	教授	11	2308912@163.com
280107	张镇	男	1970/2/25	中共党员	研究生	教授	14	ayako04620@yahoo.com.hk
310045	顾春斐	女	1980/9/3	中共党员	研究生	教授	24	mandylau1986@yahoo.com.hk
320026	宋金强	男	1967/5/29	中共党员	研究生	教授	17	raymondchoi04@yahoo.com.hk
330020	王书奥	男	1975/9/15		研究生	教授	23	lungsuey@yahoo.com.hk

记录: 第 1 项(共 20 项　搜索

图 6.4　职称为教授的教师信息窗体

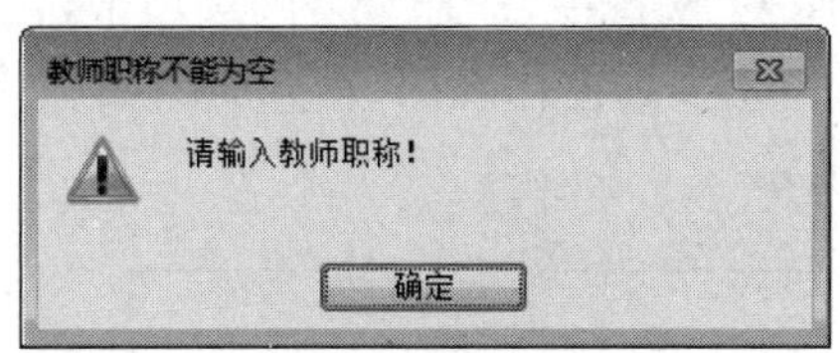

图 6.5 信息提示框

2. 实验步骤

(1) 创建名为“教师信息”的数据表式窗体，如图 6.2 所示。窗体的记录源为“教师”表。

(2) 创建“模式对话框”式窗体，窗体命名为“输入教师职称”，如图 6.3 所示。窗体上文本框的名称为 zhch。

(3) 单击“创建”选项卡“宏与代码”组中的“宏”按钮，打开宏设计视图。

(4) 在“添加新操作”下拉列表框中选择 If 操作，并在 If 条件框中输入“IsNull([Forms]! [输入教师职称]! [zhch])”。

(5) 在 If 与 End If 之间，添加操作 MessageBox，在参数“消息”文本框中输入“请输入教师职称！”，在参数“标题”文本框中输入“职称不为空”。其含义是当从窗口输入的职称为空时，显示消息框。在 MessageBox 操作后添加操作 StopMacro。该命令不需要设置参数，意思是停止宏的运行。条件及操作设置如图 6.6 所示。

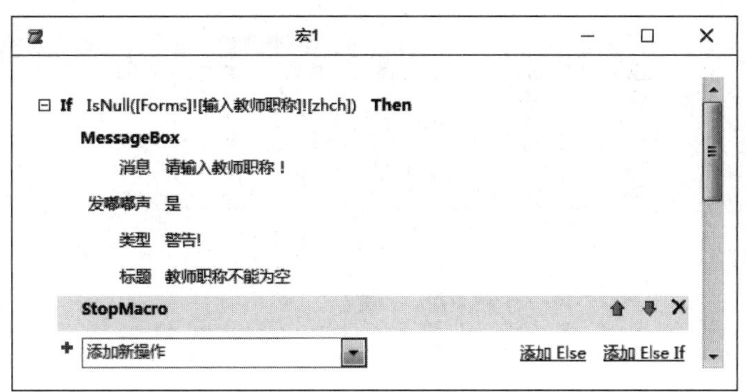

图 6.6 职称为空时操作

(6) 在“添加新操作”下拉列表框中选择 If 操作，并在 If 条件框中输入“Not IsNull([Forms]![输入教师职称]![zhch])”。

(7) 在 If 与 End If 之间，选择操作 OpenForm，“当条件”参数框中输入“[职称]=[Forms]! [输入教师职称]![zhch]”，其他参数的设置如图 6.7 所示。其含义是当输入的职称不为空时，打开“教师信息”窗体，窗体中只显示职称为文本框 zhch 值的记录。

(8) 保存宏。单击快速访问工具栏上的“保存”按钮，在弹出的“另存为”对话框中输入宏名称“条件宏”，然后单击“确定”按钮。

(9) 运行宏，将“条件宏”加入“输入教师职称”窗体。打开“输入教师职称”窗体的设计视图，在文本框 zhch“属性表”窗口中，选择“事件”选项卡，在“更新后”下拉列表框中选择“条件宏”，如图 6.8 所示。切换到窗体视图，输入职称如“助教”后按回车键，将触发“条件宏”执行，结果如图 6.9 所示。

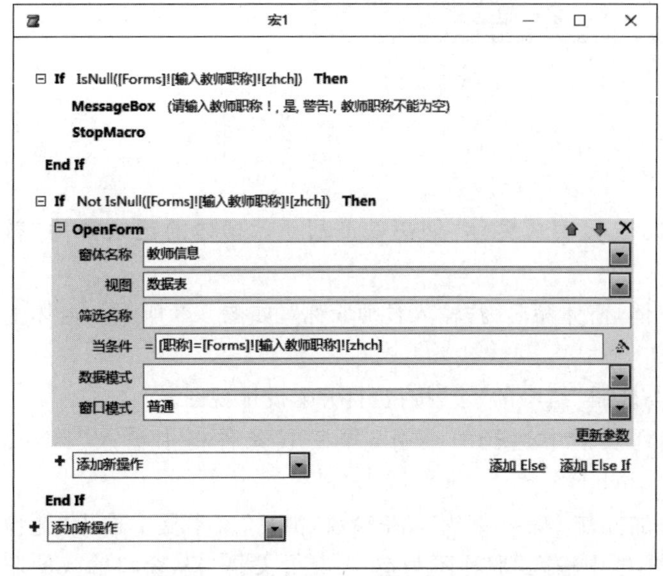

图 6.7 职称不为空时操作

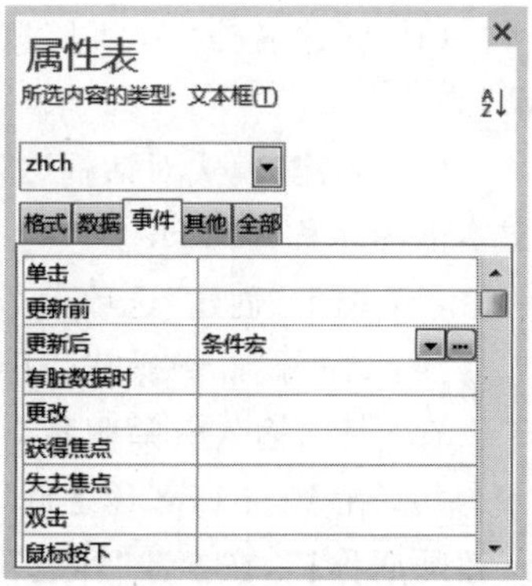

图 6.8 事件设置

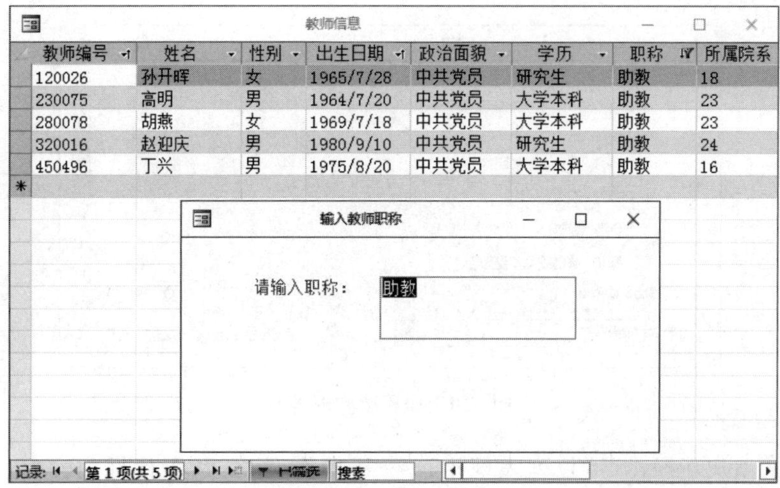

图 6.9 宏运行结果

实验 6-3 子宏的创建

1. 实验要求

创建一个名称为“教师宏组”的宏，由“打开窗体”和“预览报表”两个子宏组成。“打开窗体”子宏用于打开“教师信息”窗体,要求仅显示女教师的信息,且按照出生日期由大到小显示;“预览报表”子宏用于打开“教师开课信息”报表,要求以打印预览视图显示课程信息。另外,创建一个窗体,在窗体中创建两个命令按钮,如图 6.10 所示,分别运行两个子宏,窗体命名为“宏组窗体”。

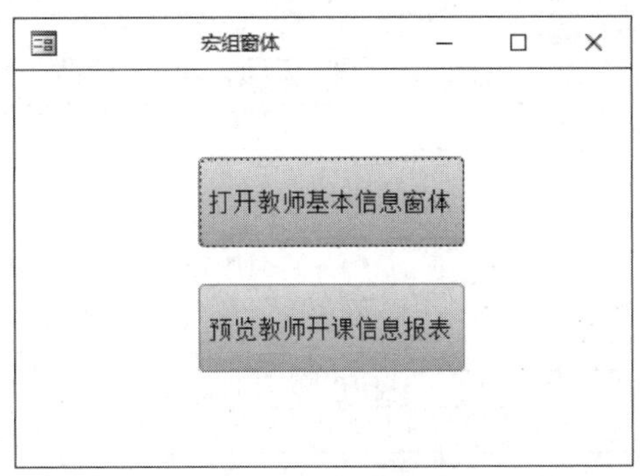

图 6.10　宏组窗体

2. 实验步骤

(1) 单击“创建”选项卡“宏与代码”组中的“宏”按钮,打开宏设计视图。

(2) 添加“打开窗体”子宏。在“操作目录”面板中,将“程序流程”下拉列表中的子宏命令 SubMacro 拖到“添加新操作”下拉列表框中。子宏名默认为 Sub1,将该名称改为“打开窗体”,如图 6.11 所示。

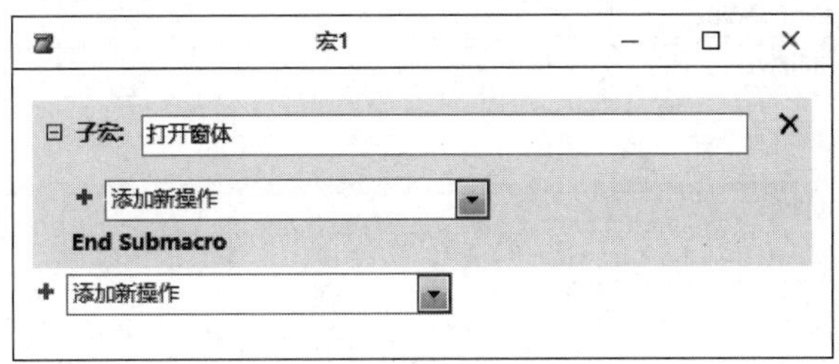

图 6.11　创建子宏

在“添加新操作”下拉列表框中选择 OpenForm 操作,各参数的设置如图 6.12 所示。

(3) 添加“预览报表”子宏。在“操作目录”面板中,将“程序流程”下拉列表中的子宏命令 SubMacro 拖到“添加新操作”下拉列表框中。子宏名默认为 Sub2,将该名称改为“预览报表”。在“添加新操作”下拉列表框中选择 OpenReport 操作,各参数的设置如图 6.13 所示。

(4) 保存宏。单击快速访问工具栏上的“保存”按钮,在弹出的“另存为”对话框中输入宏名称“教师宏组”,然后单击“确定”按钮。

(5) 创建窗体。新建一个窗体,名称为“宏组窗体”,然后在窗体中创建两个命令按钮,标题分别为“打开教师基本信息窗体”和“预览教师开课信息报表”,对应的名称分别为

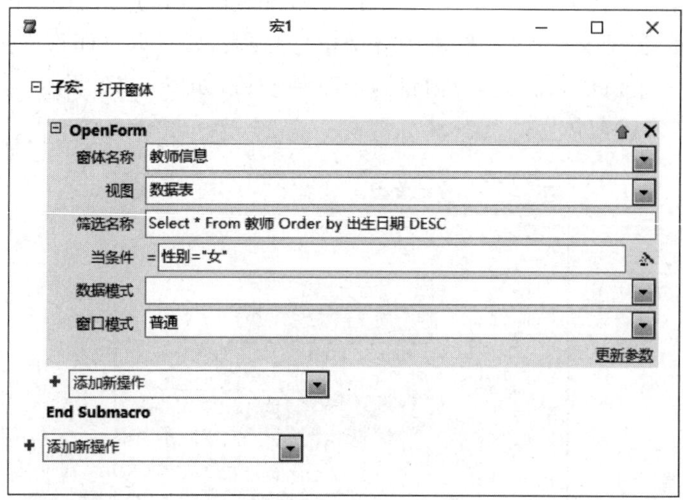

图 6.12 设置“打开窗体”子宏

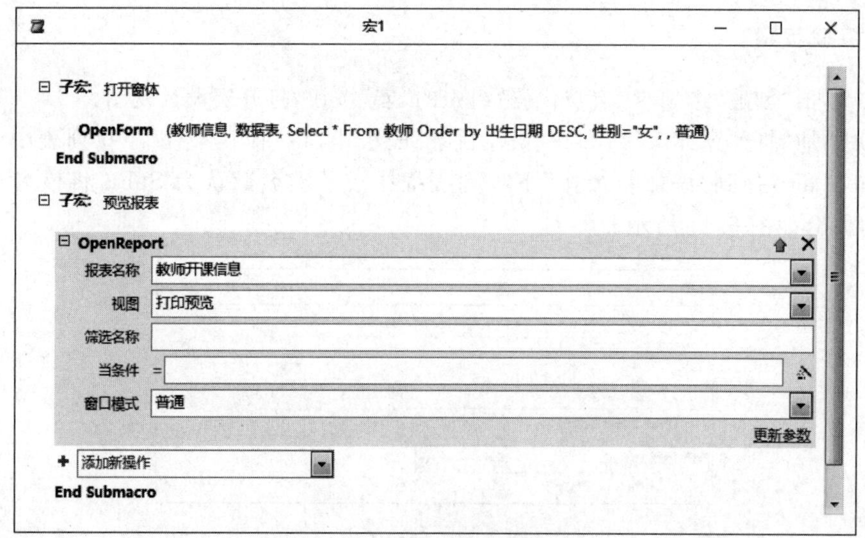

图 6.13 设置“预览报表”子宏

Cmd1 和 Cmd2，如图 6.14 所示。

(6) 设置命令按钮 Cmd1 的单击事件。在其“属性表”窗格的“事件”选项卡中选择“单击”属性为“教师宏组.打开窗体”，如图 6.15 所示。

(7) 设置命令按钮 Cmd2 的单击事件。在其“属性表”窗格的“事件”选项卡中选择“单击”属性为“教师宏组.预览报表”。

(8) 运行窗体。切换到窗体视图，单击 Cmd1 命令按钮即打开“教师信息”窗体，并且仅显示女教师的信息，并按照出生日期由大到小显示；单击 Cmd2 命令按钮即以打印预览视图打开“教师开课信息”报表。

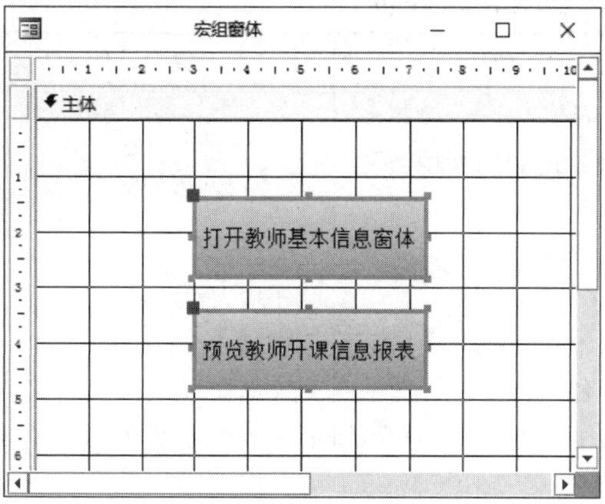

图 6.14　窗体设计视图

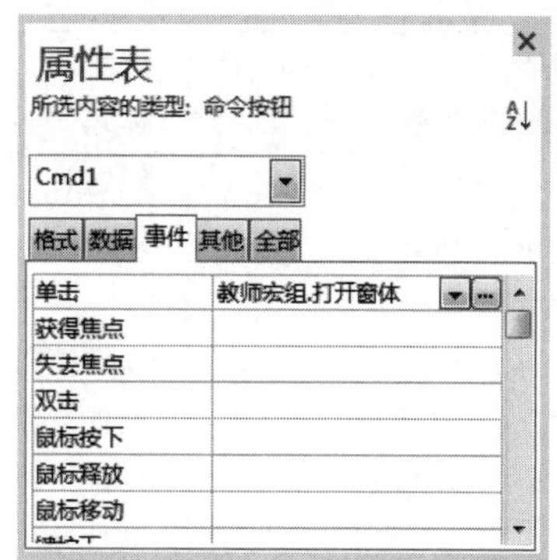

图 6.15　Cmd1 命令按钮的属性设置

实验 6-4　宏与窗体的综合应用

1. 实验要求

创建名为“登录窗体”的窗体，在相应的文本框输入用户名、密码，该窗体如图 6.16 所示。创建名为“系统登录宏组”的宏，单击“确定”按钮，如果输入的用户名、密码与用户表（用户表包含用户名，密码两个字段）中的相同，弹出消息框“密码正确，欢迎您使用本系统!”，同时关闭“登录窗体”。否则文本框清空，重新输入。单击“取消”按钮，退出 Access。

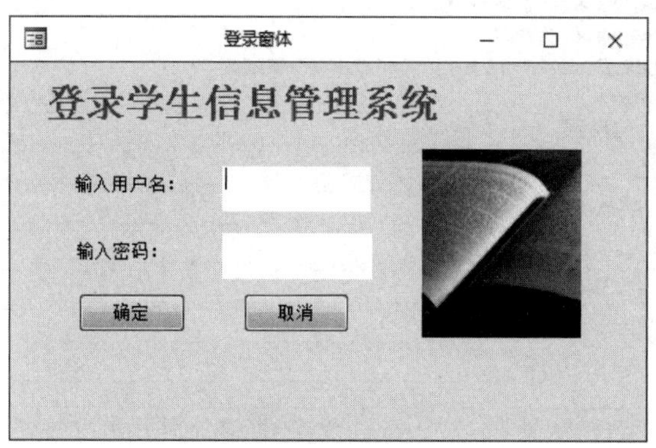

图 6.16　登录窗体

2. 实验步骤

(1) 创建窗体“登录窗体”。窗体上控件及相应属性如表 6.1 所示。

(2) 单击“创建”选项卡“宏与代码”组中的“宏”按钮，打开宏设计视图。

(3) 创建 Ok 子宏。在“操作目录”面板中，将“程序流程”中的子宏命令 SubMacro 拖到“添加新操作”下拉列表框中。子宏名称默认为 Sub1，将该名称改为 Ok。

表 6.1　登录窗体控件属性设置

控件名称	属性名	值	说　　明
窗体	记录源	用户表	
Label1(标签)	标题	登录学生信息管理系统	
Label2(标签)	标题	输入用户名：	
Label3(标签)	标题	输入密码：	
yhm(文本框)			用于输入用户名
mm(文本框)	输入掩码	密码	用于输入密码
用户名(文本框)	控件来源	用户名	该文本框和“用户名”字段绑定
密码(文本框)	控件来源	密码	该文本框和“密码”字段绑定
	可见性	否	
Image1(图像)	图片	D:\book.jpg	
command1 (命令按钮)	标题	确定	
command2 (命令按钮)	标题	取消	

(4) 在“添加新操作”下拉列表框中选择 GotoControl 操作，参数“控件名称”设置为“[用户名]”。

(5) 添加操作 FindRecord，参数“查找内容”设置为“=[yhm].[Value]”，如图 6.17 所示。

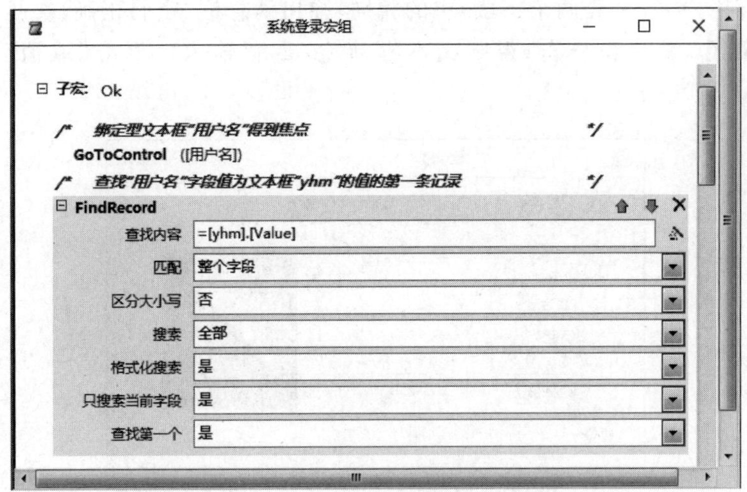

图 6.17　FindRecord 参数设置

(6) 添加 If 操作，并在 If 条件框中输入“[yhm]=[用户名] And [mm]=[密码]”。在 If 和 End If 间添加操作 MessageBox、CloseWindow 和 StopMacro，参数设置如图 6.18 所示。

(7) 添加 If 操作，并在 If 条件框中输入“[yhm]<>[用户名] Or [mm]<>[密码]”。在 If 和 End If 间添加如图 6.19 所示操作。

(8) 创建 Cancel 子宏，包含操作如图 6.20 所示。

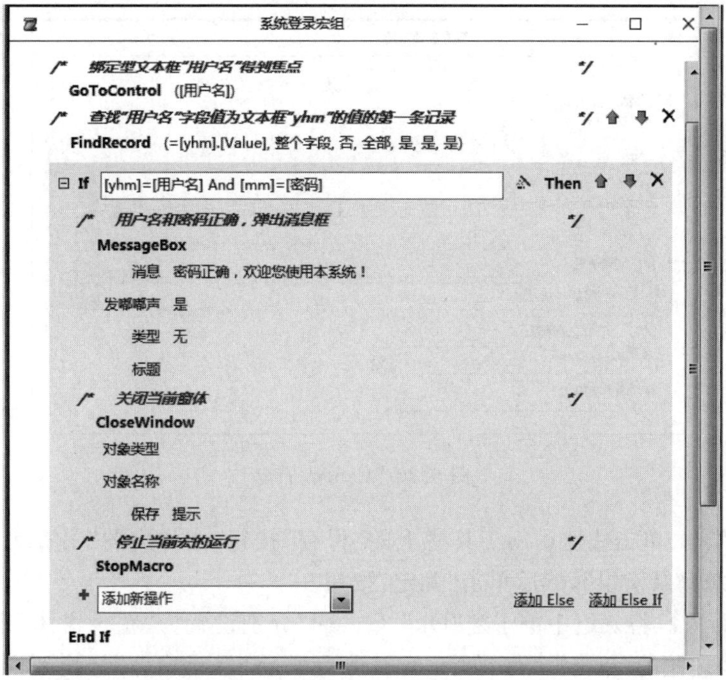

系统登录宏组

/* 绑定型文本框"用户名"得到焦点 */
GoToControl ([用户名])
/* 查找"用户名"字段值为文本框"yhm"的值的第一条记录 */
FindRecord (=[yhm].[Value], 整个字段, 否, 全部, 是, 是, 是)
If [yhm]=[用户名] And [mm]=[密码] Then
/* 用户名和密码正确，弹出消息框 */
MessageBox
消息 密码正确，欢迎您使用本系统！
发嘟嘟声 是
类型 无
标题
/* 关闭当前窗体 */
CloseWindow
对象类型
对象名称
保存 提示
/* 停止当前宏的运行 */
StopMacro
添加新操作 添加 Else 添加 Else If
End If

图 6.18 用户名和密码正确时的宏操作

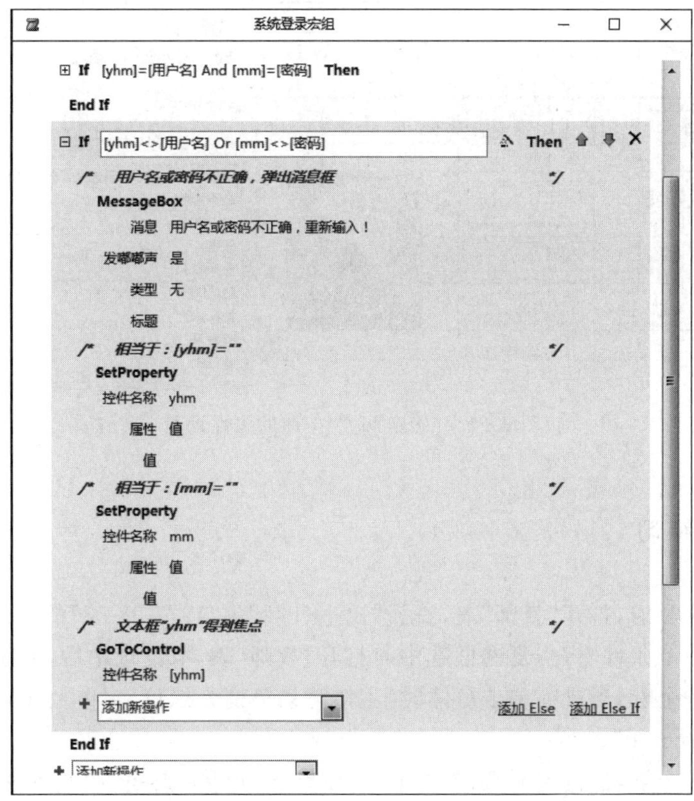

图 6.19 用户名或密码不正确时的宏操作

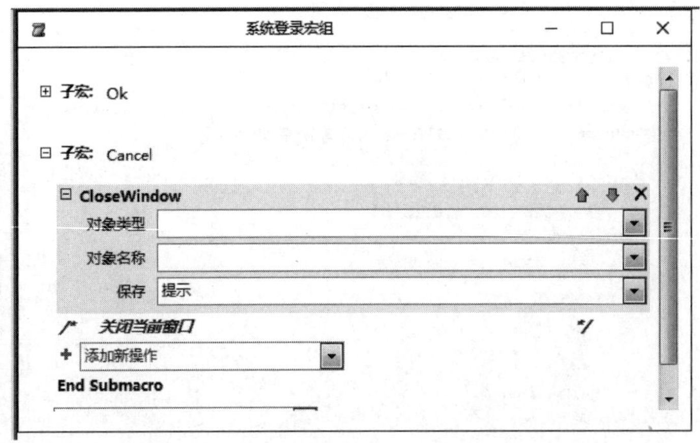

图 6.20 Cancel 子宏

(9) 保存宏。单击快速访问工具栏上的“保存”按钮，在弹出的“另存为”对话框中输入宏名称“系统登录宏组”，然后单击“确定”按钮。

(10) 运行宏。将宏组中的子宏“Ok”“Cancel”分别设置为“登录窗体”窗体中“确定”和“取消”命令按钮的“单击”事件，如图 6.21 所示。将“登录窗体”切换到窗体视图，输入用户名和密码，单击命令按钮，即可触发宏的执行。观察结果，检测宏的正确性。

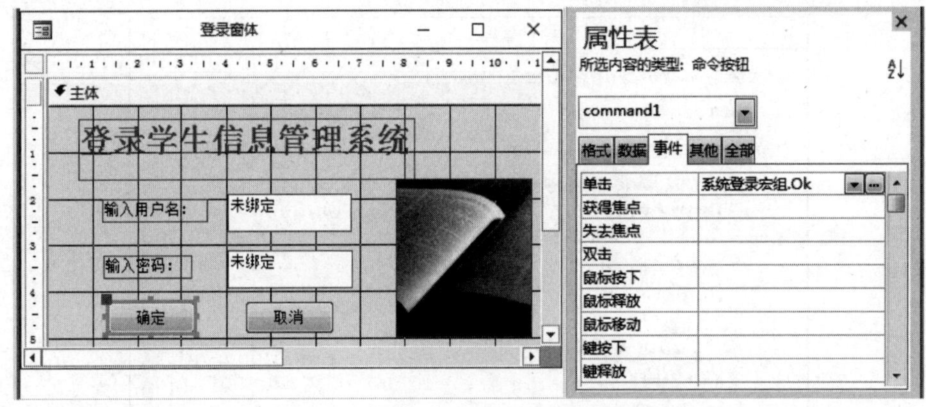

图 6.21 “确定”命令按钮的属性设置

6.1.3 实验练习

(1) 设计一个宏，打开“教师”表，查找“出生日期”为“1977-08-08”的记录。

(2) 创建一个条件宏，当复选框选中时打开“教师”表，取消选中后，关闭打开的表。

(3) 创建一个宏，当鼠标单击窗体时，主体背景色变为红色，窗体上文本框 text0 中显示“wish you succeed”。

(4) 创建一个宏，运行宏时要求打开“教师信息”窗体，查找“政治面貌”为“党员”的记录。

(5) 创建一个宏组,包含 3 个宏,分别打开"教师"表、"学生"表和"开课信息"表。

(6) 利用宏设计数据库应用系统的菜单。

6.2 习题

一、单项选择题

1. 不能使用宏的数据库对象是(　　)。

   A. 表　　B. 报表　　C. 宏　　D. 窗体

2. 在 Access 中使用(　　)宏操作可以退出 Access。

   A. Exit　　B. CancelEvent

   C. End　　D. QuitAccess

3. 在下列关于宏和模块的叙述中,正确的是(　　)。

   A. 模块是能够被程序调用的函数

   B. 通过定义宏可以选择或更新数据

   C. 宏或模块都不能是窗体或报表上的事件代码

   D. 宏可以是独立的数据库对象,可以提供独立的操作动作

4. 有关宏操作,以下叙述错误的是(　　)。

   A. 宏的条件表达式中不能引用窗体或报表的控件值

   B. 所有宏操作都可以转换为相应的模块代码

   C. 使用宏可以启动其他应用程序

   D. 可以利用宏组来管理相关的一系列宏

5. 下列操作中,适宜使用宏的是(　　)。

   A. 修改数据表结构　　B. 创建自定义过程

   C. 打开或关闭报表对象　　D. 处理报表中错误

6. 运行宏组时,Access 会从第一个操作开始执行宏,直到它(　　)。

   A. 遇到 StopMacro 操作　　B. 遇到其他子宏名

   C. 已完成第一个子宏所有操作　　D. 上述均可以

7. 宏组中宏的调用格式是(　　)。

   A. 宏组名. 宏名　　B. 宏组名! 宏名

   C. 宏组名[宏名]　　D. 宏组名(宏名)

8. 在一个宏的操作序列中,如果既包含了带条件的宏,同时又包含了无条件的宏,则带条件的宏操作是否执行取决于条件式的真假,而没有指定条件的操作则会(　　)。

   A. 无条件执行　　B. 有条件执行

   C. 不执行　　D. 出错

9. 用于打开窗体的宏命令是(　　)。

   A. OpenForm　　B. OpenReport

   C. OpenQuery　　D. OpenTable

10. 单步执行宏时，“单步执行宏”对话框中显示的内容有(　　)信息。

A. 宏名称　　B. 宏名称、条件、操作名称、参数

C. 宏名称、操作名称　　D. 宏名称、参数、操纵名称

11. 用于显示消息框的宏命令是(　　)。

A. Beep　　B. MessageBox

C. InputBox　　D. Disbox

12. 用来移动记录，并使它成为指定表中当前记录的宏命令是(　　)。

A. FindNext　　B. GoToRecord

C. FindRecord　　D. GoToControl

13. 下列宏操作中，限制表、窗体或者报表中显示的信息的是(　　)。

A. ApplyFilter　　B. Echo　　C. MessageBox　　D. Beep

14. Access 的自启动宏的名称是(　　)。

A. AutoExec　　B. Autoexe　　C. Auto　　D. AutoExec. bat

15. 运行一个包含多个操作的宏，操作顺序是(　　)。

A. 从上到下　　B. 可指定先后　　C. 随机　　D. 从下到上

16. 下列叙述中，错误的是(　　)。

A. 宏能够一次完成多个操作

B. 可以将多个宏组成一个宏组

C. 可以用编程的方法来实现宏

D. 宏命令一般由动作名和操作参数组成

17. 在宏的参数中，要引用窗体 F1 上的 Text1 文本框的值，应该使用的表达式是(　　)。

A. [Forms]![F1]![Text1]　　B. Text1

C. [F1].[Text1]　　D. [Forms]_[F1]_[Text1]

18. 在宏的表达式中还可能引用到窗体或报表上控件的值。引用窗体控件的值可以用表达式(　　)。

A. Forms!窗体名!控件名　　B. Forms!控件名

C. Forms!窗体名　　D. 窗体名!控件名

19. 用来查询或将 Where 子句应用于表、窗体或报表的宏操作命令是(　　)。

A. ApplyFilter　　B. MessageBox

C. DoCmd　　D. RunMenuCommand

20. 在窗体或报表中运行宏的操作，往往是通过属性(　　)选项卡来设置的。

A. 格式　　B. 数据　　C. 事件　　D. 其他

21. 对象可以识别和响应的行为称为(　　)。

A. 属性　　B. 方法　　C. 继承　　D. 事件

22. 在运行宏的过程中，宏不能修改的是(　　)。

A. 窗体　　B. 宏本身　　C. 表　　D. 数据库

23. 下列属于通知或警告用户的命令是(　　)。

A. PrintOut　　B. OutputTo

C. MessageBox　　D. RunWarnings

24. 为窗体或报表的控件设置属性值的正确宏操作命令是(　　)。

A. Set　　B. SetData

C. SetProperty　　D. SetWarnings

25. 要限制宏命令的操作范围,在创建宏时应定义的是(　　)。

A. 宏操作对象　　B. 宏操作目标

C. 宏条件表达式　　D. 窗体或报表控件属性

26. 在宏的调试中,可以配合使用设计器上的工具按钮(　　)。

A. 调试　　B. 条件　　C. 单步　　D. 运行

27. 在一个数据库中已经设置了自动宏 AutoExec,如果在打开数据库时不想执行这个自动宏,正确的操作是(　　)。

A. 按回车键打开数据库　　B. 打开数据库时按住 Alt 键

C. 打开数据库时按住 Ctrl 键　　D. 打开数据库时按住 Shift 键

28. 某窗体中有一命令按钮,在窗体视图中单击此命令按钮打开一个报表,需要执行的宏操作是(　　)。

A. OpenQuery　　B. OpenReport　　C. OpenForm　　D. OpenWindow

29. 下列关于运行宏的方法的叙述中,错误的是(　　)。

A. 运行宏时,对每个宏只能连续运行

B. 打开数据库时,可以自动运行宏名为 AutoExec 的宏

C. 可以通过窗体、报表上的控件来运行宏

D. 可以在一个宏中运行另一个宏

30. 下列关于宏命令的说法中,正确的是(　　)。

A. RunApp 调用 Visual Basic 的 Function 过程

B. RunCode 在 Access 中运行 Windows 或 MS-DOS 应用程序

C. RunMacro 是执行其他宏

D. StopMacro 是终止当前所有宏的运行

二、填空题

1. 宏是一个或多个________的集合。

2. 在宏设计窗口中,操作面板的作用是________。

3. 定义________有利于数据库中宏对象的管理。

4. 宏命令通常有________和________组成。

5. 在设计宏时,若想获得对某个常用宏操作的解释,可以在将选定该宏名的前提之下,再按下键盘上的________键。

6. 宏的使用一般是通过窗体、报表中的________实现的。

7. 宏按名调用,宏组中的宏则按________格式调用。

8. 执行内置 Access 命令的宏操作命令是________。

9. 在 Access 数据库中,打开数据表的宏操作是________,能够在屏幕上显示包含警

告信息或者告知信息的消息框的宏操作是________，关闭窗体的宏操作是________。

10. 直接运行宏组，事实上执行的只是________所包含的所有宏命令。

11. 在宏中加入________，可以限制宏在满足一定的条件下才能完成某种操作。

12. 为窗体中控件属性赋值的宏操作命令是________。

13. 在 Access 中，用于将最大化或最小化窗口恢复至原来大小的宏操作是________。

14. 在 Access 中，宏可以分为三类：________、________和________。

15. 查找符合条件的记录的宏操作命令是________。

16. 利用________ 命令可以创建菜单。

17. VBA 的自动运行宏，必须命名为________。

18. 实际上，所有宏操作都可以转换为相应的模块代码，它可以通过________来完成。

19. ________ 宏命令将指定的数据库对象中的数据以某种格式导出。

20. 一般的操作可以直接一步一步地手工执行，但操作重复时可以通过________来自动执行。

三、简答题

1. 什么是宏，它有什么作用？
2. 宏名在宏的使用中有什么作用？
3. 自动宏 AutoExec 有何用途？
4. 什么是宏组，它有什么作用？
5. 什么是条件宏，条件宏是如何运行的？
6. 运行宏的方法有哪几种？各有什么不同？
7. 简述调试宏的一般过程。
8. 如何为宏设置相应的快捷键？
9. 宏的作用与其他数据库对象有什么根本区别？
10. 简述常用的宏操作命令功能。

6.3 参考答案

一、单项选择题

1. A	2. D	3. D	4. A	5. C	6. D
7. A	8. A	9. A	10. B	11. B	12. B
13. A	14. A	15. A	16. C	17. A	18. A
19. A	20. C	21. D	22. B	23. C	24. C
25. C	26. C	27. D	28. B	29. A	30. C

二、填空题

1. 操作
2. 选择宏操作命令
3. 宏组
4. 宏操作名称　参数
5. F1
6. 控件的事件触发
7. 宏组名.宏名
8. RunMenuCommand
9. OpenTable　MessageBox　CloseWindow
10. 第一个宏
11. 条件
12. SetProperty
13. ReStore
14. 操作序列宏　条件宏　宏组
15. FindRecord
16. AddMenu
17. AutoExec
18. 模块
19. ExportWithFormating
20. 定义宏

三、简答题

略

第7章　VBA与模块

7.1　模块与过程

7.1.1　实验目的

(1) 熟悉 VBA 编程界面及其使用方法。
(2) 掌握使用 VBA 语言编写程序的方法。
(3) 掌握分支结构语句的使用。
(4) 掌握循环结构语句的使用。
(5) 掌握模块的创建与编辑。
(6) 掌握 Function 过程的创建与调用。
(7) 掌握 Sub 过程的创建与调用。
(8) 掌握 VBA 程序的调试方法。

7.1.2　实验内容

实验 7-1　模块的创建

1. 实验要求

进入 VBE 程序设计窗口,熟悉窗口组成,并创建一名字为“模块 1-1”的模块。

2. 实验步骤

(1) 单击“创建”选项卡“宏与代码”组的“模块”按钮,即可启动 VBE 编辑窗口,并创建一个空白模块,如图 7.1 所示。

(2) 单击“文件|保存 学生信息管理”命令,或 VBE 窗口标准工具栏上的“保存”按钮,在弹出的如图 7.2 所示对话框中输入“模块 1-1”,单击“确定”按钮即可。

实验 7-2　函数过程的创建——分支结构语句的使用

1. 实验要求

在“模块 1-1”中创建一函数过程 Max,用于求 3 个数中的最大数。

2. 实验步骤

(1) 在导航窗格中右击要编辑的模块对象“模块 1-1”,在弹出的快捷菜单中选择“设计

图 7.1　VBE 窗口

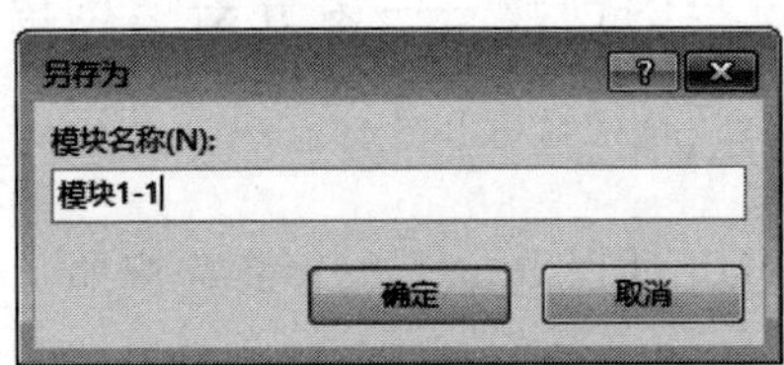

图 7.2　“另存为”对话框

视图”命令，就可以启动 VBE，并使得 VBE 代码窗口中显示被选中的模块对象包含的程序代码。在导航窗格中，直接双击要编辑的模块对象“模块 1-1”，也可以启动 VBE，如图 7.1 所示。

(2) 在如图 7.1 所示的代码窗口中，输入 Max 函数过程，代码如下：

```
Public Function max(a As Single, b As Single, c As Single) As Single
    Dim s As Single
    s = a
    If s < b Then
        s = b
    End If
    If s < c Then
        s = c
    End If
    max = s
End Function
```

图 7.3　“添加过程”对话框

也可以在 VBE 窗口下单击“插入|过程”命令，弹出如图 7.3 所示对话中输入过程名，选择过程类型。

实验 7-3　函数过程的创建——循环结构语句的使用

1. 实验要求

在“模块 1-1”中创建一函数过程 Jc，计算任一整数的阶乘，n!=1×2×3×…×n−1×n。

2. 实验步骤

在如图 7.1 所示的代码窗口中，输入 Jc 函数过程，代码如下：

```
Public Function Jc(n As Integer) As Long
    Dim s As Long, i As Integer
    s=1
    For i=1 To n Step 1
        s=s*i
    Next i
    Jc=s
End Function
```

实验 7-4　Sub 通用过程的创建——多分支结构语句的使用

1. 实验要求

在“模块 1-1”中创建一 Sub 过程 Px，将 3 个整数按照从大到小的顺序在立即窗口输出。

2. 实验步骤

在图 7.1 所示的代码窗口中，输入 Sub 过程，代码如下：

```
Public Sub Px(a As Single, b As Single, c As Single)
    Dim m As Single
    If a<b Then
        m=a: a=b: b=m
    End If
    If b>c Then
        Debug.Print a, b, c
    ElseIf c>a Then
        Debug.Print c, a, b
    Else
        Debug.Print a, c, b
    End If
End Sub
```

实验 7-5　事件过程的创建与过程的调用——InputBox 函数输入数据

1. 实验要求

创建如图 7.4 所示名字为“实验 7-5”的窗体，将 3 个整数按照从大到小的顺序排列。

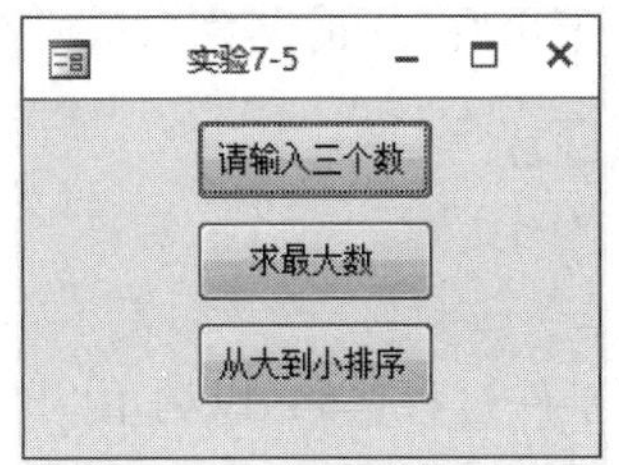

图 7.4 “实验 7-5”窗体

2. 实验步骤

(1) 创建用户界面,即创建如图 7.4 所示窗体。

新建一个名为“实验 7-5”的窗体,添加 3 个命令按钮。单击名称为“cmd 输入”,标题为“请输入三个数”的命令按钮,可以从键盘输入 3 个数。单击名称为“cmd 最大数”标题为“求最大数”的命令按钮将调用求最大数函数过程 Max。单击名称为“cmd 排序”标题为“从大到小排序”的命令按钮将调用 Sub 过程 Px。

(2) 定义单精度浮点型全局变量 x,y,z。

在“实验 7-5”窗体的窗体设计视图下单击“窗体设计工具/设计”选项卡“工具”组中的“查看代码”按钮 查看代码,快速进入 VBE 窗口。

在程序的“通用声明”部分输入如下语句,如图 7.5 所示。

```
Dim x As Single, y As Single, z As Single
```

图 7.5 通用声明位置

(3) 编写“cmd 输入_Click”事件过程代码,以从键盘输入 3 个数。

VBE 窗口下的代码窗口中,在“对象”列表框中选择“cmd 输入”,在“过程”列表框中选择“Click”,然后系统自动显示出“cmd 输入_Click”事件过程框架,输入如下代码:

```
Private Sub cmd输入_Click()
    x=Val(InputBox("请输入第一个数"))
    y=Val(InputBox("请输入第二个数"))
    z=Val(InputBox("请输入第三个数"))
End Sub
```

(4) 编写“cmd 最大数_Click”事件过程代码,以调用求最大数函数过程 Max,并将结果在立即窗口输出。

VBE 窗口下的代码窗口中,在“对象”列表框中选择“cmd 最大数”,在“过程”列表框

中选择“Click”,然后系统自动显示出“cmd 最大数_Click”事件过程框架,输入如下代码:

```
Private Sub cmd最大数_Click()
    Debug.Print max(x, y, z)
End Sub
```

(5) 编写“cmd 排序_Click”事件过程代码,以调用 Sub 过程 Px。

VBE 窗口下的代码窗口中,在“对象”列表框中选择“cmd 排序”,在“过程”列表框中选择“Click”,然后系统自动显示“cmd 排序_Click”事件过程框架,输入如下代码:

```
Private Sub cmd排序_Click()
    Call Px(x, y, z)
    Debug.Print x, y, z
End Sub
```

(6) 输入完所有代码之后,选择“文件”菜单的“保存”命令,或单击“保存”按钮,保存程序。

(7) 切换到窗体视图,单击命令按钮,查看运行结果。

实验 7-6　事件过程的创建与过程的调用——文本框输入数据

1. 实验要求

创建如图 7.6 所示名字为“实验 7-6”的窗体,“请输入一个整数”对应文本框中输入一个整数,单击命令按钮“求阶乘”,在另一文本框中显示该整数的阶乘。

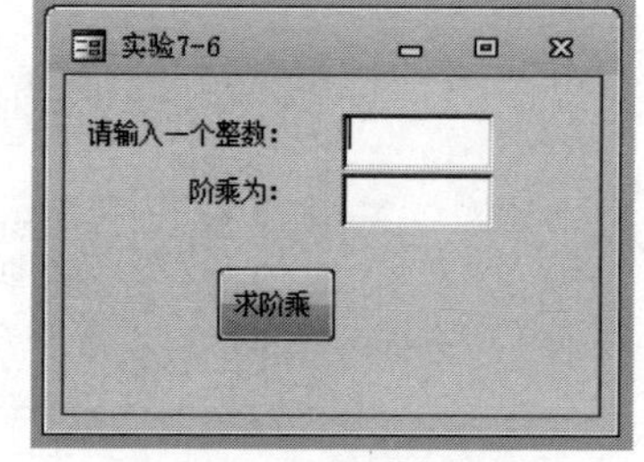

图 7.6　“实验 7-6”窗体

2. 实验步骤

(1) 创建用户界面,即创建如图 7.6 所示窗体。

新建一个名为“实验 7-6”的窗体。添加两个文本框,名字分别为 Text1 和 Text2,对应标签标题分别为“请输入一个整数:”和“阶乘为:”。添加一个命令按钮,名字为“cmd 求阶乘”,标题为“求阶乘”。

(2) 编写“cmd 求阶乘_Click”事件过程代码。

在窗体设计视图中,选择“cmd 求阶乘”按钮,在其“属性表”窗口中单击“事件”选项卡,选择“单击”属性,单击该栏右侧的“选择生成器”按钮,打开“选择生成器”对话框。在“选择生成器”对话框中,选中“代码生成器”选项,然后单击“确定”按钮,即可打开 VBE 窗口。输入如下代码:

```
Private Sub cmd求阶乘_Click()
    Text2=Jc(Val(Text1))
End Sub
```

(3) 切换到窗体视图,单击命令按钮,查看运行结果。

7.1.3 实验练习

(1) 用选项按钮在文本框中显示不同的字体。

提示:把多个选项按钮放置于一个按钮组中,分别在选项按钮的 GotFocus 事件中定义文本框的 FontName 属性。

(2) 将"系统登录宏组"宏转换为模块,查看对应的代码。

(3) 编写函数,判断输入的整数是否是素数。

(4) 创建字符串转换函数 zmzh,将用户在屏幕上输入的一串字符串转换为大写字母,其中非字母字符不进行转换,如,用户输入"I am ID888"调用 zmzh 将转换为"I AM ID888"。

提示:使用 InputBox 函数输入字符串,结果通过 MsgBox 函数将转换后的结果显示出来。

(5) 通过输入圆的半径来求圆的面积。

提示:使用一文本框输入半径 r,另一文本框放置圆的面积 s。圆周率 π 用符号常量表示。

(6) "鸡兔同笼问题",已知同一笼子里鸡和兔的总头数为 m,总脚数为 n,求鸡和兔各有多少只。

提示 输入 m、n 时应注意二者的合理性,如 n 必须为偶数且为 m 的倍数。

7.2 VBA数据库操作

7.2.1 实验目的

(1) 了解使用 VBA 代码操作数据库的方法。

(2) 掌握对象变量的使用。

(3) 掌握常用 Access 对象的使用(Forms、DoCmd)。

(4) 掌握 ADO 对象模型的组成。

(5) 掌握使用 ADO 访问数据库的步骤。

(6) 熟悉使用 ADO 控件读取、添加、修改、删除表中数据的方法。

7.2.2 实验内容

实验 7-7 使用 ADO 对象访问当前数据库中的数据

1. 实验要求

创建名为"实验 7-7"的窗体,如图 7.7 所示。在"学生信息管理.accdb"数据库中使用 ADO 控件实现对"课程名称"表的管理。在如图 7.7 所示窗体中通过相应命令按钮进行移动记录、添加记录、修改记录、删除记录等操作。

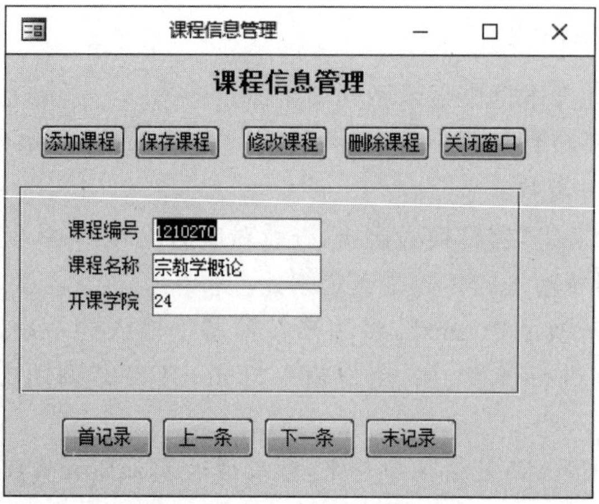

图 7.7 "实验 7-7"窗体

2. 实验步骤

(1) 引用 ADO 对象库。

在使用 ADO 对象前,先设置对 ADO 对象库的引用,以便在程序代码中使用 ADO 对象中的属性或方法。要添加对象库,需在 VBE 窗口的"工具"菜单中选择"引用"命令,即弹出"引用"对话框,在"可使用的引用"列表框中找到要引用的对象库,然后选中前面的复选框即可,这里选择"Microsoft ActiveX Data Objects 6.1 Library"对象库,如图 7.8 所示。

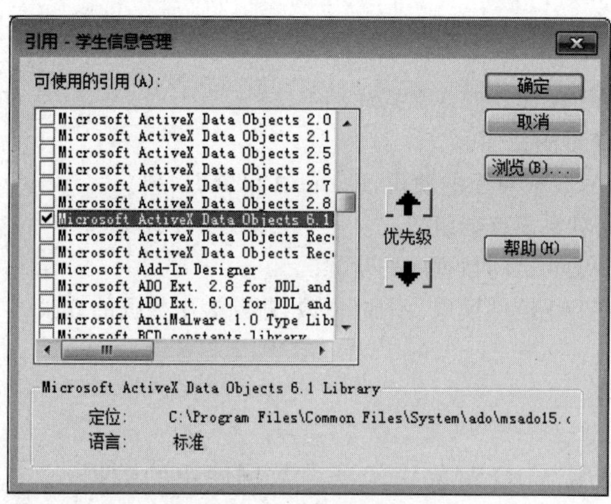

图 7.8 对象引用

(2) 创建用户界面,即创建如图 7.7 所示窗体。

窗体上控件及相应属性如表 7.1 所示。

表 7.1 窗体"实验 7-7"控件属性设置

控件名称	属性名	值	说明
窗体	标题	课程信息管理	
Label0(标签)	标题	课程信息管理	
Label1(标签)	标题	课程编号	
Label2(标签)	标题	课程名称	
Label3(标签)	标题	开课学院	
sid(文本框)			用于输入、编辑、显示"课程编号"字段
sname(文本框)			用于输入、编辑、显示"课程名称"字段
sifo(文本框)			用于输入、编辑、显示"开课学院"字段
box1(矩形)			放置文本框
cadd (命令按钮)	标题	添加课程	单击,添加记录
csave (命令按钮)	标题	保存课程	单击,保存当前记录
cupdate (命令按钮)	标题	修改课程	单击,修改当前记录
cdelete (命令按钮)	标题	删除课程	单击,删除当前记录
close (命令按钮)	标题	关闭窗口	单击,断开数据库连接,关闭窗体
Ctop (命令按钮)	标题	首记录	单击,指针指向第一条记录
Cprevious (命令按钮)	标题	上一条	单击,指针指向前一条记录
Cnext (命令按钮)	标题	下一条	单击,指针指向后一条记录
Cbottom (命令按钮)	标题	末记录	单击,指针指向最后一条记录

(3) 编写事件过程代码。

通用声明部分：

```
Option Compare Database
Dim str As String
Dim cn1 As New ADODB.Connection
Dim rs As ADODB.Recordset
```

窗体加载事件代码：

```
Private Sub Form_Load()
    Set cn1=CurrentProject.Connection
    Set rs=New ADODB.Recordset
    str="select * from 课程名称"
    rs.Open str, cn1, adOpenDynamic, adLockOptimistic
End Sub
```

Sj 函数,将当前记录的值放置到文本框中显示：

```
Private Sub Sj()
    Me.sid=rs("课程编号")
    Me.sname=rs("课程名称")
    Me.sifo=rs("开课学院")
End Sub
```

Cadd_Click 事件过程,添加记录:

```
Private Sub Cadd_Click()
    Me![sid]=Null
    Me![sname]=Null
    Me![sifo]=Null
End Sub
```

Csave_Click 事件过程,保存记录:

```
Private Sub Csave_Click()
    '判断“课程编号”等文本框是否为空
    If IsNull(Me![sid])=True Then
         MsgBox "请输入“课程编号”,它不可以为空!", vbOKOnly, "输入“课程编号”"
         Me![sid].SetFocus
         Exit Sub
    End If
    If IsNull(Me![sname])=True Then
         MsgBox "请输入“课程名称”,它不可以为空!", vbOKOnly, "输入“课程名称”"
         Me![sid].SetFocus
         Exit Sub
    End If
    rs.AddNew
    rs("课程编号")=Me.sid
    rs("课程名称")=Me.sname
    rs("开课学院")=Me.sifo
    rs.Update
End Sub
```

Cupdate_Click 事件过程,修改记录:

```
Private Sub Cupdate_Click()
    Dim str1 As String
    '判断“课程编号”等文本框是否为空
    If IsNull(Me![sid])=True Then
         MsgBox "请输入“课程编号”,它不可以为空!", vbOKOnly, "输入“课程编号”"
         Me![sid].SetFocus
         Exit Sub
    End If
    If IsNull(Me![sname])=True Then
         MsgBox "请输入“课程名称”,它不可以为空!", vbOKOnly, "输入“课程名称”"
         Me![sname].SetFocus
         Exit Sub
    End If
    str1=MsgBox("你确定更改" & Me![sname] & "这门课吗?", 257, "删除")
    If str1=1 Then
```

```
        '更新
        rs("课程编号")=Me.sid
        rs("课程名称")=Me.sname
        rs("开课学院")=Me.sifo
        rs.Update
        MsgBox "课程已经修改成功!", vbOKOnly, "修改成功"
    End If
End Sub
```

Cdelete_Click 事件过程,删除记录:

```
Private Sub Cdelete_Click()
    Dim str1 As String
    On Error Resume Next
    str1=MsgBox("你确定删除" & Me![sname] & "这个门课吗?", 257, "删除")
    If str1=1 Then
        rs.Delete
    End If
    rs.MoveNext
    If rs.EOF Then rs.MoveLast
    Call sj
End Sub
```

Close_Click 事件过程,断开与数据库连接,关闭当前窗体:

```
Private Sub Close_Click()
    rs.close
    cn1.close
    Set rs=Nothing
    Set cn1=Nothing
    DoCmd.close
End Sub
```

Ctop_Click 事件过程,记录指针指向第一条记录:

```
Private Sub Ctop_Click()
    rs.MoveFirst
    Call sj
End Sub
```

Cprevious_Click 事件过程,记录指针指向前一条记录:

```
Private Sub Cprevious_Click()
    rs.MovePrevious
    If rs.BOF Then
        rs.MoveLast
    End If
    Call sj
```

```
End Sub
```

Cnext_Click 事件过程，记录指针指向后一条记录：

```
Private Sub Cnext_Click()
    rs.MoveNext
    If rs.EOF Then
        rs.MoveFirst
    End If
    Call sj
End Sub
```

Cbottom_Click 事件过程，记录指针指向最后一条记录：

```
Private Sub Cbottom_Click()
    rs.MoveLast
    Call sj
End Sub
```

(4) 切换到窗体视图，单击命令按钮，查看“课程名称”表中记录的变化。

实验 7-8 使用 ADO 对象访问非当前数据库中的数据

1. 实验要求

在“学生信息管理.accdb”数据库中创建名为“实验 7-8”的窗体，如图 7.9 所示。使用 ADO 控件实现对“图书管理.accdb”数据库中“图书书目表”的访问。在如图 7.9 所示窗体中输入要查询的书名中包含的文字，单击“查找”按钮，符合条件的第一本书的信息就在各文本框中列出，同时显示“是否继续查找”消息框，一直到找到符合条件的最后一本书为止。

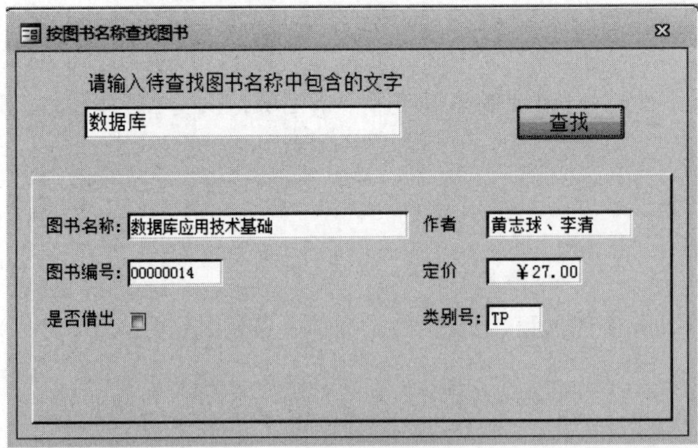

图 7.9 “实验 7-8”窗体

2. 实验步骤

(1) 创建用户界面,即创建如图 7.9 所示窗体。窗体上主要控件及相应属性如表 7.2 所示。

表 7.2 窗体"实验 7-8"控件属性设置

控件名称	属性名	值	说　　明
Text1(文本框)			用于输入待查找的书名
tsmc(文本框)			用于显示找到的图书的"图书名称"
tsbh(文本框)			用于显示找到的图书的"图书编号"
zz(文本框)			用于显示找到的图书的"作者"
dj(文本框)			用于显示找到的图书的"定价"
lbh(文本框)			用于显示找到的图书的"类别号"
sfjc(复选框)			用于显示找到的图书的"是否借出"
box1(矩形)			放置用于显示字段值的上述控件
Cfind(命令按钮)	标题	查找	单击,开始查找符合条件的记录

(2) 编写事件过程代码。

通用声明部分:

```
Option Compare Database
Dim cn1 As New ADODB.Connection
Dim cm As ADODB.Command
Dim rs As ADODB.Recordset
Dim strconnect As String
```

sm 子过程,在窗体上显示当前记录:

```
Private Sub sm()
    Me.tsmc=rs("图书名称")
    Me.zz=rs("作者")
    Me.tsbh=rs("图书编号")
    Me.dj=rs("定价")
    Me.sfjc=rs("是否借出")
    Me.lbh=rs("类别号")
End Sub
```

Cfind_Click 事件过程,查找符合条件的记录:

```
Private Sub Cfind_Click()
    Dim jx As Integer
    strconnect="E:\数据库教材\图书管理.mdb"
    cn1.Provider="Microsoft.Jet.OLEDB.4.0"
    cn1.ConnectionString=strconnect
    cn1.Open
    Set cm=New ADODB.Command
```

```
    With cm
        .ActiveConnection=cn1
        .CommandText="select * from 图书书目表 where 图书名称 like '%' & '" &
                    Text1 & "'& '%'"
        .CommandType=adCmdText
    End With
    Set rs=New ADODB.Recordset
    rs.CursorType=adOpenStatic
    rs.LockType=adLockReadOnly
    rs.Open cm
    If rs.RecordCount=0 Then
        MsgBox "没有符合条件的记录", vbInformation, "提示"
    Else
        Do Until rs.EOF
            Call sm
            rs.MoveNext
            If Not rs.EOF Then
                jx=MsgBox("是否继续查找", vbOKCancel)
                If jx=2 Then Exit Do
            Else
                MsgBox "当前是符合条件的最后一本"
            End If
        Loop
    End If
    rs.close
    cn1.close
    Set rs=Nothing
    Set cn1=Nothing
End Sub
```

(3) 切换到窗体视图,单击命令按钮,查看窗体显示的内容。

7.2.3 实验练习

(1) ADO对象编程:在"学生信息管理.accdb"数据库中,新建一个窗体,放置一个文本框和两个命令按钮,一个命令按钮用于创建一个文本框中指定的表,另一个命令按钮删除文本框中指定的表。

(2) 在"学生信息管理.accdb"数据库中,通过ADO访问"教师"表。

(3) 在"学生信息管理.accdb"数据库中,通过ADO访问"图书管理.accdb"数据库中的"借阅登记表",并通过代码将记录集中的数据输出至Excel表中。

(4) 在"学生信息管理.accdb"数据库中,新建一个窗体,放置一个列表框控件,在列表框中显示出"学生"表的学号、姓名、班级编号、电话等字段的值。

7.3 习题

一、单项选择题

1. Dim sl As Integer 表示定义了一个(　　)变量。

   A. 长整型　　B. 整型　　C. 布尔型　　D. 单精度型

2. 在 VBA 中,下列符号(　　)不是数据类型符。

   A. #　　B. %　　C. $　　D. *

3. 以下符号中,不属于系统定义的常量的是(　　)。

   A. Null　　B. Yes　　C. True　　D. False

4. VBA 中定义常量的关键字是(　　)。

   A. Const　　B. Public　　C. Dim　　D. Static

5. 在 VBA 中,如果一个变量没有进行任何定义,则该变量是(　　)变量。

   A. 长整型　　B. 整型　　C. 布尔型　　D. 变体型

6. 以下变量名中正确的是(　　)。

   A. A　B　　B. C25　　C. 12A$C　　D. 1+2

7. 从字符串 S 第 2 个字符开始获得 3 个字符的子字符串函数是(　　)。

   A. Mid(S,2,3)　　B. Left(S,2,3)　　C. Right(S,3)　　D. Left(S,3)

8. 以下逻辑表达式结果为 True 的是(　　)。

   A. NOT 3+5>8　　B. 3+5>8

   C. 3+5<8　　D. NOT 3+5>=8

9. 当一个表达式中有多种不同类型的运算时,运算符的优先次序是(　　)。

   A. 逻辑运算符>关系运算符>字符串连接运算符>算术运算符

   B. 算术运算符>关系运算符>逻辑运算符>字符串连接运算符

   C. 算术运算符>字符串连接运算符>关系运算符>逻辑运算符

   D. 字符串连接运算符>算术运算符>>关系运算符>逻辑运算符

10. 表达式 2*3^2+2*8/4+3^2 的值为(　　)。

    A. 64　　B. 31　　C. 49　　D. 22

11. 函数 Int(Rnd(0)*100)是下列(　　)范围内的整数。

    A. (0,10)　　B. (1,100)　　C. (0,100)　　D. (1,99)

12. 已知 str1= "98765",str2= "65",InStr(str1,str2)返回( )。

    A. 1　　B. 2　　C. 3　　D. 4

13. "日期"类型数据必须前后用(　　)号括住。

    A. ()　　B. []　　C. ‖　　D. #

14. 不属于 VBA 所提供的数据验证函数的是(　　)。

    A. IsDate()　　B. IsNull()　　C. IsNumberic()　　D. IsText()

15. 设 A、B、C 表示三角形的 3 条边,表示条件"任意两边之和大于第三边"的逻辑表达式可以用(　　)表示。

A. A+B>=C Or A+C>=B Or B+C>=A

B. Not(A+B<=C Or A+C<=B Or B+C<=A)

C. A+B<C Or A+C<B Or B+C<A

D. A+B>=C And A+C>=B And B+C>=A

16. 表达式("赵"<"张")的值是(　　)。

A. False　　B. True　　C. −1　　D. 1

17. 二维数组 A(2 to 4,−1 to 3)中所包含的元素个数为(　　)。

A. 8　　B. 12　　C. 15　　D. 16

18. 在一个语句行内写多条语句时,语句之间应该用(　　)分隔。

A. 逗号　　B. 分号　　C. 顿号　　D. 冒号

19. 在 VBE 代码编辑器中,如果一条语句太长,无法在一行内写下(不包括注释),要续行书写,可以在行末使用续行字符(　　),表示下一行是当前行的继续。

A. 一个空格加一个下画字符(_)　　B. 一个下画字符(_)

C. 直接按回车键　　D. 一个空格加一个连字符(-)

20. 以下叙述中不正确的是(　　)。

A. VBA 是事件驱动型可视化编程环境

B. VBA 应用程序不具有明显的开始和结束语句

C. VBA 工具箱中的所有控件都要更改 Width 和 Height 属性才可使用

D. VBA 中控件的某些属性只能在运行时设置

21. 在 VBA 中,不能进行出错处理的语句结构是(　　)。

A. On Error Then 标号　　B. On Error Goto 标号

C. On Error Resume Next　　D. On Error Goto 0

22. 在下面的 4 个选项中,(　　)是用于引用对象和对象的属性,从而构成对象表达式。

A. !.　　B. @#　　C. ~$　　D. ! &

23. 在 Access 模块设计中,能够接收用户输入数据的函数是(　　)。

A. InputBox()　　B. MsgBox()　　C. Now()　　D. Sgn()

24. 以下不是 VBA 中变量的作用范围的是(　　)。

A. 模块级　　B. 窗体级　　C. 控件级　　D. 数据库级

25. 以下不是确定 VBA 中变量的作用域的是(　　)。

A. Static　　B. Function　　C. Private　　D. Public

26. 以下不是分支结构的语句是(　　)。

A. If…Then…End If　　B. Do While…Loop

C. If…Then…Else…End If　　D. Select…Case…End Select

27. 运行下面的程序段,则循环次数为(　　)。

```
For k=5 to 10 Step 2
    k=k * 2
```

```
Next k
```

A. 1　　B. 2　　C. 3　　D. 5

28. 在窗体中添加一个命令按钮，名称为Command2，其Click事件代码如下。程序运行后，单击命令按钮，则在窗体标题显示的内容是(　　)。

```
Private Sub Command2_Click()
    A=1234:B$=Sir$(A):C=Len(B$):Me.Caption=C
End Sub
```

A. 0　　B. 4　　C. 5　　D. 6

29. 窗体模块属于(　　)。

A. 标准模块　　B. 类模块　　C. 全局模块　　D. 局部模块

30. 下面关于类模块的叙述正确的是(　　)。

A. 类模块包含窗体模块和报表模块

B. 类模块不可以独立于窗体或报表存在

C. 类模块包含内部模块和外部模块

D. 类模块中不能包含事件过程

31. 下面关于标准模块的叙述不正确的是(　　)。

A. 标准模块不能包含与任何其他对象都无关的常规过程

B. 标准模块可以是从数据库任何位置运行的经常使用的过程

C. 标准模块和类模块的主要区别在于其范围和生命周期

D. 标准模块列在数据库窗口中的模块对象中

32. 能够触发窗体的DbClick事件的操作是(　　)。

A. 单击鼠标　　B. 双击窗体

C. 鼠标滑过窗体　　D. 按下键盘上某个键

33. 表示窗体事件的是(　　)。

A. Load　　B. Unload　　C. Exit　　D. Active

34. 关于过程及过程参数的描述中，错误的是(　　)。

A. 过程的参数可以是控件名称

B. 用数组作为过程的参数时，使用的是“传地址”方式

C. 只有函数过程能够将过程中处理的信息传递到调用的程序中

D. 窗体可以作为过程的参数

35. VBA中用实际参数m调用Sub过程Fact(n)的正确形式是(　　)。

A. Fact(m)　　B. Fact n　　C. Call Fact m　　D. Call Fact(m)

36. 关于模块，下面叙述错误的是(　　)。

A. 是Access系统中的一个重要对象

B. 以VBA语言为基础，以函数和子过程为存储单元

C. 模块包括全局模块和局部模块

D. 能够完成宏所不能完成的复杂操作

37. 用于在对话框中显示消息,等待用户单击按钮,并返回一个整型值告诉用户单击哪一个按钮的是(　　)。

A. 输入框　　B. 消息框　　C. 文本框　　D. 复选框

38. 关闭窗体的命令是(　　)。

A. Quit　　B. Close　　C. Exit　　D. Clear

39. 能够打开"学生管理"窗体的语句是(　　)。

A. DoCmd. OpenForm("学生管理")

B. OpenForm("学生管理")

C. DoCmd. OpenForm "学生管理"

D. OpenForm "学生管理"

40. Select Case 结构运行时,首先计算(　　)的值。

A. 表达式　　B. 执行语句　　C. 条件选项　　D. 任意值

41. 循环语句中条件表达式的数据类型是(　　)。

A. 逻辑型　　B. 数值型　　C. 字符型　　D. 文本型

42. 在 VBA 调试工具中,(　　)的功能是在中断模式下,安排一些调试语句并显示其值的变化。

A. 快速监视窗口　　B. 监视窗口

C. 立即窗口　　D. 本地窗口

43. ADO 对象模型中可以打开 RecordSet 对象的是(　　)。

A. Connection 对象　　B. Command 对象

C. Connection 对象和 Command 对象　　D. 不存在

44. 在使用 ADO 连接数据库时,(　　)不是 RecordSet 对象的方法。

A. AddNew　　B. DelOld　　C. Close　　D. Update

45. 下列对象属于 Access 的根对象的是(　　)。

A. DeBug　　B. Label　　C. Click　　D. Application

46. 能够实现从指定记录集中检索特定字段值的函数是(　　)。

A. Rnd　　B. Nz　　C. DLookup　　D. DSum

47. 下面关于模块的说法中,正确的是(　　)。

A. 模块都是由 VBA 的语句段组成的集合

B. 基本模块分为标准模块和类模块

C. 在模块中可以执行宏,但是宏不能转换为模块

D. 窗体模块和报表模块都是标准模块

48. 语句 s = Int(100 * Rnd)执行完毕,s 的值是(　　)。

A. [0,99]的随机整数　　B. [0,100]的随机整数

C. [1,99]的随机整数　　D. [1,100]的随机整数

49. 执行 x=InputBox("请输入 x 的值")时,在弹出的对话框中输入 12,在列表框 Listl 选中第一个列表项,假设该列表项的内容为 34,使 y 的值是 1234 的语句是(　　)。

A. y=Val(x)+Val((Listl. List(0))

B. y=Val(x)+Val(List1.List(1))

C. y=Val(x)&Val(List1.List(0))

D. y=Val(x)&Val(Listl.List(1))

50. 某窗体中有一命令按钮,名称为 Command1。要求在窗体视图中单击此命令按钮后,命令按钮上显示的文字颜色变为棕色(棕色代码为 128),实现该操作的 VBA 语句是(　　)。

A. Command1.ForeColor=128

B. Command1.BackColor=128

C. Command1.DisableColor=128

D. Command1.Color=128

51. 在窗体上画一个命令按钮,其名称为 Command1,然后编写如下事件过程:

```
Private Sub Command1_Click()
    Dim a1(4,4),a2(4,4)
    For i=1 To 4
        For j=1 To 4
            a1(i,j)=i+j
            a2(i,j)=a1(i,j)+i+j
        Next j
    Next i
    MsgBox(a1(3,3) * a2(3,3))
End Sub
```

程序运行后,单击命令按钮,消息框输出的是(　　)。

A. 48　　B. 72　　C. 96　　D. 128

52. 在窗体中添加一个名称为 Commandl 的命令按钮,然后编写如下程序:

```
Public x As Integer
Private Sub Command1_Click()
    x=3
    Call f1
    Call f2
    MsgBox x
End Sub
Private Sub f1()
    x=x * x
End Sub
Private Sub f2()
    Dim x As Integer
    x=x+4
End Sub
```

窗体打开运行后,单击命令按钮,则消息框的输出结果为(　　)。

A. 3　　B. 7　　C. 9　　D. 16

53. 下列程序的输出结果是(　　)。

```
Private Sub Command1_Click()
    Dim arr(1 To 10)
    For i=1 To 10
        arr(i)=i
    Next i
    For Each i In arr()
        arr(i)=arr(i) * 2+1
    Next i
    MsgBox arr(7)
End Sub
```

A. 11　　B. 13　　C. 15　　D. 17

54. 在窗体中添加一个命令按钮(名称为 Command1),然后编写如下代码:

```
Private Sub Command1_Click()
    Static b As Integer
    b=b+1
End Sub
```

窗体打开运行后,三次单击命令按钮后,变量 b 的值是(　　)。

A. 1　　B. 2　　C. 3　　D. 4

55. 下面 VBA 程序段运行时,内层循环的循环总次数是(　　)。

```
For m=0 To 7 step 3
    For n=m-1 To m+1
    Next n
Next m
```

A. 4　　B. 5　　C. 8　　D. 9

56. 执行以下程序段后,x 的值为(　　)。

```
Dim x As Integer, i As Integer
x=0
For i=20 To 1 Step -2
    x=x+i\5
Next i
```

A. 20　　B. 18　　C. 14　　D. 8

57. 在窗体中添加一个名称为 Commandl 的命令按钮,然后编写如下事件代码:

```
Private Sub Commandl_Click()
    A=75
    If A<60 Then x=1
    If A<70 Then x=2
    If A<80 Then x=3
```

```
    If A<90 Then x=4
    MsgBox x
End Sub
```

窗体打开运行后,单击命令按钮,则消息框的输出结果是(　　)。

A. 1　　B. 2　　C. 3　　D. 4

58. 在窗体中添加了一个文本框和一个命令按钮(名称分别为 Text1 和 Command1),并编写了相应的事件过程。运行此窗体后,在文本框中输入一个字符,则命令按钮上的标题变为"Access 模拟"。以下能实现上述操作的事件过程是(　　)。

A. Private Sub Command1_Click()
　　Caption="Access 模拟"
　End Sub

B. Private Sub Text1_Click()
　　Command1.Caption="Access 模拟"
　End Sub

C. Private Sub Command1_Change()
　　Caption="Access 模拟"
　End Sub

D. Private Sub Text1_Change()
　　Command1.Caption="Access 模拟"
　End Sub

59. 在 VBA 代码调试过程中,能够显示出所有在当前过程中的变量声明及变量值信息的是(　　)。

A. 本地窗口　　B. 快速监视窗口

C. 立即窗口　　D. 监视窗口

60. 执行下面的程序,消息框里显示的结果是(　　)。

```
Private Sub Form_Click()
    Dim Str As String, S As String,k As Integer
    Str="abc"
    S=Str
    For k=Len(Str) To 1 Step -1
        S=S & (Mid(Str,k,1))
    Next k
    MsgBox S
End Sub
```

A. abc　　B. abccba　　C. cbacba　　D. abcabc

二、填空题

1. VBA 是 Microsoft Office 系列软件的________编程语言,其语法与独立运行的

________编程语言互相兼容。

2. 在 VBA 中,定义符号常量使用关键字________,定义变量使用关键字________。

3. 表达式"abcdef "&12345 的结果为________。

4. 表达式 Int(-3.1)的结果为________。

5. 在程序运行过程中,其值可以发生改变的量叫作________。

6. 在 VBA 中,能够输出信息的函数是________。

7. 在 VBA 中,显示消息框的函数是________。

8. VBA 的 3 种流程控制结构是顺序结构、选择结构和________。

9. 内部函数是 VBA 系统为用户提供的________,用户可直接引用。

10. 在同一表达式中,如果有两种或两种以上类型的运算,则按照________、字符运算和________的顺序来进行运算。

11. 数组不是一种数据类型,而是一组有序________ 的集合。

12. 在定义数组时,要将数组的下标设置为从 1 开始,应在定义语句之前使用________语句。

13. 设 a=6,则执行 x=IIf(a>5,-1,0)后,x 的值为________。

14. 执行程序段

```
N=5
Do Until N<3
    N=N-1:Debug. Print N
Loop
```

后输出结果是________。

15. VBA 编程中,要得到[15,75]间的随机整数可以用表达式________。

16. Access 的窗体或报表事件可以有两种方法来响应: 宏对象和________。

17. 窗体模块和报表模块属于________模块。

18. 标准模块是独立于________的模块。

19. 在模块的说明区域中,用________关键字说明的变量是模块范围的变量。

20. 标准模块中的公共变量和公共过程具有________ 性。

21. 模块中的过程以________开头,以________结束。

22. 模块中的函数以________开头,以________ 结束。

23. 实际上,所有的宏操作都可以转换为相应的模块代码。它可以通过________来完成。

24. VBE 窗口主要由标准工具栏、工程窗口、属性窗口和________组成。

25. 在 VBE 的________中,可以即时查看变量的当前值。

26. 程序中的关键字 Me 的作用是________。

27. 为控件对象指定变量名时,必须使用关键字________。

28. 为了能够在程序中正常使用 ADO 连接数据库,应先引用________。

29. 在使用 ADO 时,引用当前数据集 rst 中的"学号"字段,方式为________。

30. VBA 中,在模块中执行设计好的宏可以使用 DoCmd 对象的________方法。

31. ADO模型主要包含Connection、Command、________等对象。
32. VBA中主要提供了三种数据库访问接口：ODBC API、DAO和________。
33. DAO对象模型采用分层结构，其中位于最顶层的对象是________。
34. 在程序执行过程中，如果希望忽略错误，应使用语句________。
35. 监视窗口的作用是________。

三、简答题

1. VBA与VB、Access有什么联系？
2. 在Access中，既然已经提供了宏操作，为什么还要使用VBA？
3. 什么是对象？对象的属性和方法有什么区别？
4. 在VBE和Access窗体环境中，对象的属性、事件的使用有什么区别？
5. VBA中定义了哪些标准数据类型，它们各自的存储长度及取值范围是多少？
6. VBA中的常量分为哪几种？
7. 变量的命名规则有哪些？
8. 分支语句有几种？各有何区别？
9. 循环语句有几种？各有何区别？
10. 为什么要使用数组？
11. 在书写VBA代码时要注意哪几点？
12. 在VBA中定义Sub过程与定义Function过程有何不同？
13. VBA中的模块有哪几类？
14. 打开VBE窗口有哪几种方法？
15. 在窗体1通用声明部分声明的变量，能否在窗体2中使用？
16. VBA主要提供了几种数据访问接口？
17. 简述使用ADO对象操作数据库的基本过程。
18. RecordSet对象常用的方法有哪些？
19. 常用的程序调试工具和方法有哪些？
20. 在调试程序过程中，如何查看程序运行过程中的中间结果？

7.4 参考答案

一、单项选择题

1. B	2. D	3. B	4. A	5. D	6. B
7. A	8. A	9. C	10. B	11. C	12. D
13. D	14. D	15. B	16. A	17. C	18. D
19. A	20. C	21. A	22. A	23. B	24. D
25. B	26. B	27. A	28. C	29. A	30. A
31. A	32. B	33. C	34. C	35. D	36. C

37. B	38. B	39. C	40. A	41. A	42. C
43. C	44. B	45. A	46. C	47. A	48. A
49. C	50. A	51. B	52. C	53. C	54. C
55. D	56. B	57. D	58. D	59. A	60. B

二、填空题

1. 内置　VB
2. Const　Dim
3 . abcdef12345
4. －4
5. 变量
6. InputBox
7. MsgBox
8. 循环结构
9. 标准函数
10. 算术运算　关系运算　逻辑运算
11. 基本类型变量
12. Option Base 1
13. －1
14. 4　3　2
15. Int(Rnd() * 61)＋15
16. 事件过程
17. 类
18. 窗体与报表
19. Private
20. 全局
21. Sub　End Sub
22. Function　End Function
23. 另存为模块的方式
24. 代码窗口
25. 立即窗口
26. 表示当前窗体或报表
27. Set
28. ADO 对象库
29. rst. field("学号")
30. RunMacro
31. RecordSet
32. ADO

33. DBEngine
34. On Error Goto 0
35. 查看变量和表达式的值

三、简答题

略

参考文献

[1] 王秉宏. Access 2016 数据库应用基础教程[M]. 北京:清华大学出版社,2017.

[2] 徐效美,薛梅,李梅,等.数据库应用技术实验教程[M]. 2版. 北京:高等教育出版社,2015.

[3] 崔洪芳,李凌春,包琼,等. Access 数据库应用技术[M]. 3版. 北京:清华大学出版社,2014.